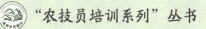"农技员培训系列"丛书

# 贵州春夏喜凉蔬菜

## 优质高效栽培技术

主　编◎孟平红

贵州科技出版社
·贵阳·

图书在版编目（CIP）数据

贵州春夏喜凉蔬菜优质高效栽培技术 / 孟平红主编
. -- 贵阳 : 贵州科技出版社，2024.7
（"农技员培训系列"丛书）
ISBN 978-7-5532-1306-4

Ⅰ．①贵… Ⅱ．①孟… Ⅲ．①蔬菜园艺—贵州 Ⅳ.
①S63

中国国家版本馆 CIP 数据核字 (2024) 第 078752 号

# 贵州春夏喜凉蔬菜优质高效栽培技术
GUIZHOU CHUNXIA XILIANG SHUCAI YOUZHI GAOXIAO ZAIPEI JISHU

| | |
|---|---|
| 出版发行 | 贵州科技出版社 |
| 地　　址 | 贵阳市观山湖区会展东路 SOHO 区 A 座（邮政编码：550081） |
| 网　　址 | https://www.gzstph.com |
| 出 版 人 | 王立红 |
| 策划编辑 | 袁　隽 |
| 责任编辑 | 熊　珂　唐伟峰　刘利平 |
| 装帧设计 | 刘宇昊 |
| 经　　销 | 全国各地新华书店 |
| 印　　刷 | 贵阳精彩数字印刷有限公司 |
| 版　　次 | 2024 年 7 月第 1 版 |
| 印　　次 | 2024 年 7 月第 1 次 |
| 字　　数 | 345 千字 |
| 印　　张 | 12.75 |
| 开　　本 | 787 mm × 1092 mm　1/16 |
| 书　　号 | ISBN 978-7-5532-1306-4 |
| 定　　价 | 98.00 元 |

# 主 编 简 介

孟平红　　巴黎第十一大学生物学博士、西南大学
蔬菜学博士后，二级研究员，贵州省"省管专家"，
享受国务院特殊津贴专家，强国留学回国人员。现
任贵州省农业科学院副院长，第十三届全国人大代
表，贵州省政协常务委员，兼九三学社中央委员、
贵州省委副主委，中国园艺学会理事，贵州省蔬菜
专班副班长，贵州省蔬菜专家服务工作组组长，贵州省蔬菜标准委员会主任委
员等。被聘为国家自然科学基金委员会项目评议专家、国际科技合作计划评价
专家库同行专家等。从事蔬菜科研 36 年，先后承担国家级、省级科技重大专
项等科研项目 57 项，获省部级科学技术成果奖 7 项。选育并通过省审定蔬菜
新品种 6 个，获发明专利 6 件，制订并发布贵州省地方标准 5 项。于国内外发
表学术论文 127 篇，出版科技著作 11 部。荣获全国民族团结进步模范个人、全
国五一巾帼标兵、贵州省五一劳动奖章、贵州省优秀青年科技人才、首批新时
代的贵州人、贵州省农业科学院首批学科带头人等称号和荣誉。

# 编　委　会

# 前　言

　　喜凉蔬菜主要是指食用器官为根、茎、叶、花的蔬菜，如萝卜、莴笋、白菜、甘蓝、花菜等。全国大部分地区正季生产的喜凉蔬菜大多为越冬栽培，经过低温春化阶段，它们形成了花芽，2—3月普遍开始抽薹开花，北方的叶菜类、根菜类、茎菜类蔬菜大多不能露地越冬，所以春季、夏季是喜凉蔬菜供应的淡季。而3—5月果菜类蔬菜（如茄果类、瓜类、豆类）尚未大量上市，且价格较高，因此，这个时期是蔬菜供应的"春淡"期。针对春夏淡季蔬菜市场的需求，选用耐抽薹的优良品种，改进播种期、定植期和育苗方式等，攻克春夏喜凉蔬菜易先期抽薹的技术难关，于3—5月供应的喜凉蔬菜，称作"春夏错季喜凉蔬菜"。春夏错季喜凉蔬菜市场前景广阔，可取得较好的社会效益、经济效益和生态效益。

　　然而，喜凉蔬菜于春夏栽培，对品种的耐抽薹性和耐寒性要求很高，同时，播种期、定植期、育苗方式、田间管理等也非常关键，甚至有的品种播种期错过5天，就可能发生蔬菜尚未成熟而提前抽薹开花的现象（即"先期抽薹"，又叫"未熟抽薹"），因此，相对于贵州已获成功的冬春喜温蔬菜、夏秋喜凉蔬菜、秋冬喜温蔬菜的错季栽培技术"三部曲"，春夏喜凉蔬菜错季栽培技术的难度更大，风险也更大。

　　2015—2020年，在贵州省科学技术厅（以下简称"省科技厅"）的支持下，在蔬菜专家李桂莲老师的指导下，贵州省农业科学院（以下简称"省农科院")园艺研究所孟平红团队主持省科技重点项目"贵州喜凉蔬菜春夏错季栽培技术示范及推广应用"（黔科合成转字〔2015〕5022A），与威宁、大方、清镇、西秀、都匀、罗甸、平塘、锦屏8个县（市、区）的农业农村局合作，攻克贵州春夏喜凉蔬菜易先期抽薹的关键技术难题并开展示范推广。该项目引进国内外喜凉蔬菜品种123个，筛选出46个能在3—5月上市的优良品种，特别是鉴选出耐抽薹的白菜、甘蓝、萝卜等喜凉蔬菜优新品种，克服了早春蔬菜易先期抽薹的技术难关，实现了春夏蔬菜品种多样化，可为贵州人民提供春夏喜凉蔬菜品种，丰富了市民的"菜篮子"。项目团队还开展了春夏喜凉蔬菜病虫害发生规律调查及绿色防控技术等研究，分析并提出贵州春夏喜凉蔬菜的气候适宜性区划，系统研究喜凉蔬菜的播种育苗、田间管理等春夏错季栽培技术体系，总结出贵州不同生态区的喜凉蔬菜高效种植模式近40套，获国家发明专利授权3件，制定和发布省地方标准7项，发表论文30余篇，编印甘蓝、花菜、白菜、芹菜、韭黄、萝卜、芥菜等喜凉蔬菜栽培技术手册，制作喜凉蔬菜农业培训教学专题片4部，为产业发展提供了科技支撑，带动威宁、清镇、西秀等8个县（市、区）27个乡镇约9万农民增收。至此，完成了贵州蔬菜错季栽培技术的"第四部曲"——春夏喜凉蔬菜错季栽培技术。

此后，在省科技厅、贵州省财政厅（以下简称"省财政厅"）、贵州省农业农村厅（以下简称"省农业农村厅"）等的大力支持下，孟平红团队先后主持实施了贵州省蔬菜产业技术体系栽培与营养功能实验室（GZCYTX2018—0101）、省科技厅重大专项"科技特派员蔬菜'321'高效种植技术集成与示范"（黔科合重大专项字〔2013〕6061—1）、省财政厅项目"贵州省蔬菜产业科技扶贫'321示范工程'"（黔财农〔2017〕233号）、省农业农村厅项目"贵州省蔬菜'321'高效栽培绿色防控"（黔农技财〔2021〕10号）及省科技重大专项"农业4.0（贵州高海拔500亩①坝区蔬菜）技术集成及应用示范"（黔科合重大专项字〔2019〕3014号）等，与贵州各级农技部门密切合作，将贵州春夏、夏

---

① 鉴于本书主要供基层农技员和广大农民群众使用，为符合贵州农用地计量实际情况，以及便于读者阅读使用，本书允许使用"亩""担"作为面积、质量单位之一。1亩≈666.67 $m^2$。

秋、秋冬、冬春错季蔬菜与正季蔬菜科学组装配套,研究总结出贵州不同生态区一年多茬蔬菜高效种植模式100余套,促进种植制度改革;系统研究蔬菜周年生产的品种搭配、茬口衔接、播种育苗、肥水管理、绿色防控等配套关键技术,提高土地利用率和复种指数,增加农业综合产出,创建蔬菜高效生产技术体系,实现项目覆盖区域蔬菜年亩产值"321"(3万元、2万元、1万元)目标和产业转型升级,助农增收效果显著。

例如:在曾经的国家级贫困县威宁,孟平红团队在原来一年种植两季夏秋蔬菜的基础上增加种植一季春夏喜凉蔬菜,形成了一年种植三季蔬菜的高效种植模式。2020年6月7日,省科技厅、省财政厅、省农业农村厅及威宁农业农村局有关领导和专家对示范推广的一年种植三季蔬菜高效种植模式中的第一季的春夏萝卜和白菜现场测产,萝卜单产9910 kg/亩,白菜单产7468 kg/亩,按当时出土价萝卜1.0元/kg、白菜0.8元/kg,一季春夏蔬菜的亩产值分别为9910元和5974.4元。又如:探索适宜的播种期,打造威宁"三白"蔬菜早熟基地。在省农科院的指导下,2020年,威宁麻乍镇的春夏萝卜、白菜等在5月20日开始上市,6月初已全面上市,比威宁其他蔬菜基地提早20天左右,售价相对较好,经济效益显著增加。

2019年,"贵州不同生态区蔬菜高效栽培技术研究与应用"获贵州省科技进步成果奖二等奖。

截至2020年,贵州示范推广春夏喜凉蔬菜的种植面积达275万亩,产量约458万t,社会经济效益显著。培训和指导农民、科技二传手、基层农技人员约9万人次,为全省春夏错季喜凉蔬菜的发展打下良好基础,促进了贵州蔬菜产业的发展,助力脱贫攻坚和乡村振兴。

《贵州春夏喜凉蔬菜优质高效栽培技术》系统地总结了大白菜、甘蓝、花菜等23种蔬菜和5种特色野生蔬菜的春夏错季优质高效栽培技术,以及春夏喜凉蔬菜全年高效种植的接茬模式。本书较全面地总结了播种育苗技术、病虫害绿色综合防控技术、田间管理技术等,语言通俗易懂,内容科学实用,是一本可指导广大农民、农技推广人员和农业科研院所等蔬菜从业人员实际工作的书籍,对于助力贵州乡村振兴、巩固拓展脱贫攻坚成果,具有较好的学术、应用价值和实践、指导意义。

编　　者
2023年9月

## 🌿 目　　录

第一章　概　　述 ....................................................... 001

第一节　贵州发展春夏错季喜凉蔬菜的背景及意义 ...................................001

第二节　贵州发展春夏错季喜凉蔬菜的优势 ...............002

第三节　贵州春夏错季喜凉蔬菜的发展现状及前景 ...............004

第二章　贵州气候概况及春夏喜凉蔬菜气候适宜性区域 ..............005

第三章　贵州春夏错季喜凉蔬菜优质高效生产基本措施 ..............011

第一节　春夏错季喜凉蔬菜育苗关键技术...............011

第二节　春夏错季喜凉蔬菜病虫害绿色综合防控技术 .....................................018

第四章　贵州春夏错季喜凉蔬菜栽培技术 .................024

第一节　大白菜春夏错季栽培技术 .................024

第二节　结球甘蓝春夏错季栽培技术 .................033

第三节　花椰菜春夏错季栽培技术.................039

第四节　萝卜春夏错季栽培技术 ................................................................043

第五节　胡萝卜春夏错季栽培技术 ............................................................049

第六节　莴笋春夏错季栽培技术 ................................................................058

第七节　生菜春夏错季栽培技术 ................................................................063

第八节　芹菜春夏错季栽培技术 ................................................................070

第九节　叶用芥菜春夏错季栽培技术 ........................................................080

第十节　娃娃菜春夏错季栽培技术 ............................................................084

第十一节　菜心（含红菜薹）春夏错季栽培技术 ....................................089

第十二节　上海青（瓢儿白）春夏错季栽培技术 ....................................097

第十三节　芥蓝春夏错季栽培技术 ............................................................104

第十四节　芫荽春夏错季栽培技术 ............................................................108

第十五节　韭菜春夏栽培技术 ....................................................................113

第十六节　香葱春夏栽培技术 ....................................................................117

第十七节　蒜苗春夏栽培技术 ....................................................................122

第十八节　苋菜春夏栽培技术 ..................................................126

第十九节　菠菜春夏栽培技术 ..................................................131

第二十节　茼蒿春夏栽培技术 ..................................................137

第二十一节　空心菜春夏栽培技术 ..............................................141

第二十二节　豌豆苗春夏栽培技术 ..............................................146

第二十三节　落葵（木耳菜）春夏栽培技术 ........................................151

第二十四节　特色野生蔬菜——荠菜春夏栽培技术 ................................155

第二十五节　特色野生蔬菜——灰灰菜春夏栽培技术 ..............................158

第二十六节　特色野生蔬菜——马齿苋春夏栽培技术 ..............................160

第二十七节　特色野生蔬菜——藜蒿春夏栽培技术 ................................163

第二十八节　特色野生蔬菜——清明菜春夏栽培技术 ..............................167

**第五章　贵州不同生态区蔬菜高效种植模式 ..................................169**

第一节　低海拔（海拔 800 m 以下）地区蔬菜高效种植模式 ..........................169

第二节　中海拔（海拔 800 ~ 1500 m）地区蔬菜高效种植模式 ........................174

第三节　高海拔（海拔 1500～2300 m）地区蔬菜高效种植模式......................178

**参考文献**...................................................... 180

**附　　图**...................................................... 207

# 第一章

# 概　述

## 第一节　贵州发展春夏错季喜凉蔬菜的背景及意义

在影响蔬菜的生长与发育的各项环境条件中，温度是最敏感的。根据不同种类蔬菜对温度的要求，可将蔬菜分为喜温蔬菜和喜凉蔬菜两大类：喜温蔬菜包括大部分的果菜类蔬菜，比如茄果类（如番茄、辣椒、茄子等）、瓜类（如南瓜、黄瓜、苦瓜等）和豆类（如豇豆、菜豆等）蔬菜；喜凉蔬菜包括根菜类、茎菜类、叶菜类、花菜类蔬菜，喜欢在 25 ℃以下的环境中生长。根据对温度的具体要求，喜凉蔬菜又可分为耐寒蔬菜和半耐寒蔬菜：耐寒蔬菜包括菠菜、大葱、大蒜及某些耐寒白菜品种，能忍耐 -2 ~ -1 ℃的低温，短期内甚至可以忍耐 -10 ~ -5 ℃，同化作用最旺盛的温度为 15 ~ 20 ℃；半耐寒蔬菜包括甘蓝类、白菜类与萝卜、胡萝卜、芹菜、莴苣等，这类蔬菜可以抗霜，但不能长期忍耐 -2 ~ -1 ℃的低温，适宜的生长温度为 17 ~ 20 ℃，当温度超过 20 ℃时生长不良。

低海拔（海拔 600 ~ 900 m）地区 4 月中下旬至 6 月中下旬上市的次早熟喜温蔬菜（果类蔬菜）的人工和架材、地膜、肥料等成本较高，农民种植次早熟喜温蔬菜的效益就不如种植春夏喜凉蔬菜（叶菜类蔬菜、花菜类蔬菜、根菜类蔬菜、茎菜类蔬菜）的高。喜凉蔬菜生长期较短（1 ~ 3 个月），在贵州可露地栽培，投入成本低，上市期又正值蔬菜淡季，价格好，产投比较高。一般每亩投入仅 500 元左右，一季春夏喜凉蔬菜纯收入为 3700 元左右，农民每亩可增收 1500 元以上。

中、高海拔（海拔 900 m 以上）地区长期以种植夏秋蔬菜为主，春季、夏季则多数土地闲置，或只种一季油菜或小麦，若种植喜凉蔬菜，农民可每亩增收 5000 元左右。例如：省农科院在威宁等高海拔地区试验示范，在原有 2 季夏秋蔬菜的基础上增加 1 季春夏错季喜凉蔬菜，年亩产值可达 1 万元以上。

贵州的叶菜类蔬菜（如白菜、青菜）头年 10 月播种，次年 3 月上市，如果当年 1—2 月播种，则 4—5 月上市；甘蓝头年 10—11 月播种，次年 4—6 月上旬上市；根菜类蔬菜（如萝卜）当年 2—3 月播种，4—6 月上旬上市；花菜类蔬菜（如西蓝花、花椰菜）与茎菜类蔬菜（如莴笋）头年 10—11 月播种，次年 4—5 月上市。这些蔬菜品种可补充春夏蔬菜淡季市场。

3—5 月正季喜凉蔬菜已抽薹开花，而夏秋喜凉蔬菜要 6 月中旬才上市，此时段为全国喜凉蔬菜上市淡季，春夏错季喜凉蔬菜市场前景很好。因此，利用贵州立体气候优势和生态环境优势发展春夏错季喜凉蔬菜，对促进贵州山区农民增收致富奔小康，推进蔬菜产业高质量发展，助力乡村振兴意义重大。

# 第二节　贵州发展春夏错季喜凉蔬菜的优势

贵州发展春夏错季喜凉蔬菜，主要具有以下潜力和优势。

## 一、立体气候优势

贵州属亚热带高原山地型气候，温暖湿润，冬无严寒，夏无酷暑，大部分地区年平均气温在 15 ℃左右；降水充沛，年平均降水量为 850 ~ 1600 mm；多数地区无霜期为 210 ~ 350 天。贵州海拔 147.8 ~ 2900.6 m，丰富的地形造就多个气候带，立体气候明显，气候类型多样、气候生态资源丰富，高海拔地区有号称"天然空调"的凉爽气候优势，低海拔地区有号称"天然温室"的温暖气候优势。贵州瞄准全国蔬菜春夏淡季市场，利用不同海拔地区生态特点打时间差，发展不同品种的春夏喜凉蔬菜，错期播种，错峰上市，于 3—5 月分批供应春夏淡季蔬菜市场，实现较好效益。例如：春夏错季大白菜，在海拔 500 m 以下的地区，可于 1 月下旬至 2 月上旬播种，4 月中旬至下旬上市；在海拔 500 ~ 800 m 的地区，于 1 月下旬至 2 月中旬播种，4 月中旬至下旬上市；在海拔 800 ~ 1100 m 的地区，于 2 月播种，4 月下旬至 5 月上旬上市；在海拔 1100 ~ 1500 m 的地区，于 2 月中旬至下旬播种，4 月下旬至 5 月中旬上市；在海拔 1500 ~ 1900 m 的地区，于 3 月上旬至中旬播种，5 月下旬至 6 月上旬上市；在海拔 1900 ~ 2300 m 的地区，于 3 月上旬至中旬播种，5 月下旬至 6 月上旬上市。

## 二、生态环境优势

贵州森林覆盖率达 61% 以上，县级以上城市空气质量指数优良天数比例达 99% 以上，地表水水质总体为"优"，主要河流监测断面水质优良比例为 99.3%。"好山好水好空气"使得贵州具备生产优质"放心菜"的独特条件。此外，贵州山多，对病虫害起到一定的隔离作用，且"三废"（废水、废气、固体废弃物）污染少，生态环境好，病虫害相对较轻，可减少农药施用量。全省蔬菜质量安全抽检合格率达 99%，高于全国平均水平。现在，贵州干净、优质蔬菜品牌已经深入人心，贵州成为我国最适合发展绿色、有机蔬菜的地区之一，也是长江上游地区唯一的国家生态文明试验区，生态蔬菜发展潜力巨大。

## 三、种质资源优势

由于贵州境内地形差异大，气候类型多样，形成了生物多样性丰富的特征，大白菜、萝卜、甘蓝等大宗优势蔬菜资源，韭菜、芥菜、芹菜等区域特色蔬菜资源，以及香椿、青薄荷、荠菜、藜蒿等野生蔬菜资源极其丰富，具有产业化开发潜力。特别是野生蔬菜，不仅对自然环境的适应性、抗逆性强，病虫害少，适宜有机栽培，而且品种繁多，能够丰富现有蔬菜品种，两广及上海等大中城市需求量大，市场售价高。省农科院对贵州野生蔬菜资源进行调查、收集、评价，对多种野生蔬菜的育苗和栽培技术进行研究后得出结论：在野生蔬菜领域，贵州走在全国前列。贵州是我国生物多样性非常丰富的地区之一，名特优蔬菜资源与特殊的水土条件配套生产，形成了大量的地理标志产品，开发前景好。

## 四、交通优势

近几年，随着贵州交通建设的快速发展，海陆空交通建设全面启动，陆续建成并初见成效。贵州率先在全国实现村村通水泥路或沥青路，县县通高速，市市通高铁，每个市（州）都有机场。随着一条条高速公路、国道／省道、农村公路建成，贵州的交通面貌有了根本性的改变；贵州"1小时""2小时""4小时"高铁经济圈，"1干13支"的航空布局，使得贵阳成为全国十大高铁枢纽之一。这些交通优势让打开贵州的"山门"更为顺畅，"黔货出山"更加便利，为蔬菜运销提供了便捷的交通。

# 第三节 贵州春夏错季喜凉蔬菜的发展现状及前景

## 一、发展现状

全国大部分地区 2—3 月正季叶菜类、根菜类、茎菜类喜凉蔬菜已抽薹开花，而北方叶菜类、根菜类和茎菜类蔬菜不能露地越冬，因此形成全国性的蔬菜春淡季的局势。贵州各级部门科技人员通过鉴选和培育蔬菜品种，研究春季育苗技术，总结配套栽培技术，应用病虫害绿色防控技术，利用贵州立体气候优势和良好生态优势，在春夏季蔬菜发展上打了一个时间差，形成全国 3 月下旬至 6 月上旬"蔬菜生产看贵州"的格局。2020 年，全省主要上市时段在 3 月下旬到 6 月上旬的春夏喜凉蔬菜种植面积达 275 万亩，产量约 458 万 t。从区域看，2020 年，贵州产量较大的前 5 个市（州）分别是黔南布依族苗族自治州（48.3 万亩）、安顺市（43.6 万亩）、铜仁市（36.0 万亩）、毕节市（34.4 万亩）、遵义市（28.6 万亩）；从品种看，种植面积在 10 万亩以上的有大白菜、结球甘蓝、小白菜（含菜心）、萝卜、莴笋、花菜等，单品种植面积合计为 142.8 万亩。

## 二、发展前景

喜凉蔬菜适宜生长的季节为冬季。一般头年冬季种植的萝卜、莴笋、白菜、甘蓝、花菜等喜凉蔬菜到次年 3—5 月普遍会抽薹开花，从而失去商品价值，故 3—5 月是这类喜凉蔬菜的供应淡季。因此，可利用贵州各地气温差异较大的特点，对强耐抽薹的根菜类、茎菜类、叶菜类、花菜类喜凉蔬菜适当延迟秋播或提早春播，当年 10 月至次年 2 月下旬播种，于次年 3—5 月上市，可补充春夏淡季蔬菜的市场供应，且经济效益较高。春夏错季喜凉蔬菜的种植是可充分利用贵州省独特的气候优势，将自然优势和地理优势转变为经济优势，填补了春夏季喜凉蔬菜供应的淡季缺口。分析 1 月、2 月、3 月日平均气温连续低于 10 ℃的天数，春夏错季蔬菜适宜种植的范围较为广泛，且随着春季热量条件的好转，适宜种植春夏错季喜凉蔬菜的范围逐渐扩大。若选用耐抽薹蔬菜品种，合理安排播种时间，在高、中、低不同海拔区域均可种植春夏错季喜凉蔬菜。但种植春夏错季喜凉蔬菜时应注意规避春旱、倒春寒等对喜凉蔬菜生长的影响，可采用覆盖地膜、勤追肥水促进蔬菜生长。因此，应积极发挥贵州不同区域生态气候优势，安排好种植品种及播种期，发展春夏错季喜凉蔬菜，填补春淡市场，助推乡村振兴，加速春夏错季喜凉蔬菜产业发展。

# 第二章

# 贵州气候概况及春夏喜凉蔬菜气候适宜性区域

气象条件是农业生产最重要的自然环境因素之一：它一方面决定着特定区域农业生产的类型，对适宜生产的作物种类和品种的选择，以及种植制度、农产品产量和品质等农业生产效益均有影响；另一方面决定着特定作物品种的时空布局。

## 一、气候概况

贵州位于副热带东亚大陆的季风区内，受季风之惠，常年气候温和，降雨充沛，雨热同季，植物繁茂，作物生长旺盛，需水量大的时期正值雨季，热量有效性较高。同时，由于地处高原边缘的斜坡地带，河流下切侵蚀强烈，地势高，起伏大，山地占61.7%，丘陵占30.8%，平坝仅占7.5%，是典型的山地农业省份。

贵州各地年平均气温为10.8 ~ 19.8 ℃，最热月（7月）平均气温为17.7 ~ 27.9 ℃，最冷月（1月）平均气温为1.9 ~ 10.1 ℃。日平均气温在10 ℃以上的时间长达8个月，不同季节温度水平方向、垂直方向变化幅度大，是发展农业多样性、多种植制度的基础。无霜期多为260 ~ 320天。年降水量大部分地区在832.9 ~ 1492.1 mm，且年际变化不大，其平均变率为10% ~ 15%，是全国年降水量变化较稳定的地区之一。各地年降水总天数一般为139 ~ 219天，大部分地区的年平均空气相对湿度高达82%。年日照时数比同纬度的东部地区少1/3以上，是全国日照最少的地区之一。

由于独特的地理位置和复杂的山地环境，贵州气候类型多样，立体气候明显，各地温度、降水量和日照的空间分布复杂，境内分布着温热春干、温热湿润、温暖伏旱、温暖湿润、温和伏旱、温和湿润、温和春干夏雨、温凉春干、高寒春干等多种农业气候区，得天独厚的"立体农业气候"为贵州发展春夏喜凉蔬菜提供了有利的自然条件。

结合生产实际和蔬菜生长所需气候条件，贵州种植春夏喜凉蔬菜主要考虑温度因子对蔬菜产量和品质产生的影响。在满足温度条件后，干旱常发区域须做好水源保障，确保蔬菜的产量不受影响。由于蔬菜多种植在坝区，春季易遭受农田渍涝，初夏易增病害风险，须根据地形做好"开沟"准备，并做好病虫害防治工作。

## 二、春夏喜凉蔬菜气候适宜性区域

### （一）温度特征

春夏喜凉蔬菜主要有萝卜、莴笋、白菜、甘蓝、花椰菜等根菜类、茎菜类、叶菜类、花菜类蔬菜，它们能否正常生长、形成产量最重要的限制因子是温度。虽然根菜类、茎菜类、叶菜类、花菜类喜凉蔬菜播种期不同，但各类喜凉蔬菜苗期主要在1月、2月、3月，若此期间气温过低，喜凉蔬菜在其苗期经过低温春化阶段，形成花芽，提前抽薹，就会严重影响的蔬菜产量。因此，可将1月、2月、3月日平均气温连续低于10 ℃的天数作为春夏喜凉蔬菜气候适宜性区域的划分条件。

### （二）春夏喜凉蔬菜气候适宜性区域

通过统计分析1961年以来贵州的历史气象数据，适宜在10—11月播种的叶菜类（如白菜、甘蓝）、花菜类（如西蓝花、白花菜）、茎菜类（如莴笋）、根菜类（如萝卜）喜凉蔬菜气候适宜性区域主要分布在黔西南册亨东部、望谟南部及黔南罗甸南部边缘地区（详细乡镇分布见表1），这些区域喜凉蔬菜苗期不易经过春化阶段，其余区域均不适宜种植春夏错季喜凉蔬菜。

表1　贵州适宜10—11月播种叶菜类、花菜类、茎菜类、根菜类喜凉蔬菜的乡镇

| 市（州） | 县（市） | 乡镇 |
|---|---|---|
| 黔西南 | 望谟 | 复兴镇、大观乡、纳夜镇、油迈乡、蔗香乡、昂武乡、新屯镇、麻山乡、石屯镇、乐元镇、桑郎镇、乐旺镇、郊纳乡、打易镇、岜饶乡、坎边乡 |
| | 册亨 | 秧坝镇、达秧乡、百口乡、弼佑乡、岩架镇、庆坪乡、八渡镇、丫他镇、冗渡镇、巧马镇、者楼镇、坡妹镇、威旁乡 |
| | 安龙 | 钱相乡、洒雨镇、新桥镇、新安镇、海子乡、龙山镇、平乐乡、兴隆镇、德卧镇、万峰湖镇、龙广镇、笃山乡、坡脚乡、木咱镇 |
| | 贞丰 | 北盘江镇、珉谷镇、者相镇、白层镇、鲁容乡、沙坪乡、鲁贡镇、连环乡、挽澜乡、小屯乡 |
| | 兴义 | 马岭镇、七舍镇、敬南镇、猪场坪乡、捧鲊镇、威舍镇、清水河镇、乌沙镇、白碗窑镇、雄武乡、鲁布革镇、三江口镇、洛万乡、沧江乡、泥凼镇、巴结镇、郑屯镇、鲁屯镇、万屯镇、仓更镇、下五屯镇、则戎乡、顶效镇、桔山镇、坪东镇、黄草坝镇、雨樟镇、鲁础营乡 |
| | 普安 | 楼下镇 |
| 安顺 | 紫云 | 猴场镇、大营乡、达帮乡、火花乡、四大寨乡、宗地乡、水塘镇 |
| | 镇宁 | 良田乡、简嘎乡、六马乡、沙子乡 |
| | 关岭 | 扳贵乡 |

续表

| 市（州） | 县（市） | 乡镇 |
|---|---|---|
| 遵义 | 赤水 | 城区、复兴镇、大同镇 |
| 黔南 | 三都 | 拉缆乡、水龙乡、中和镇、三洞乡、交梨乡、三合镇、打鱼乡、羊福乡、都江镇、坝街乡、扬拱乡、九阡镇、周覃镇、恒丰乡、廷牌镇、塘州乡、大河镇、普安镇、巫不乡、合江镇 |
| | 平塘 | 塘边镇、牙舟镇、卡罗乡、甘寨乡、平湖镇、谷洞乡、白龙乡、卡蒲乡、者密镇、四寨镇、摆茹镇、西凉乡、鼠场乡、克度镇、通州镇、新塘乡、大塘镇 |
| | 荔波 | 方村乡、水利乡、水尧乡、瑶麓乡、永康乡、玉屏镇、佳荣镇、茂兰镇、立化镇、捞村乡、瑶山乡、驾欧乡、播尧乡、甲良镇、朝阳镇、洞塘乡、翁昂乡 |
| | 惠水 | 鸭绒乡、斗底乡、雅水镇、抵麻乡、摆榜乡、太阳乡、抵季乡、断杉镇、打引乡、长安乡、王佑镇、甲戎乡、摆金镇、毛家苑乡、羡塘乡 |
| | 独山 | 甲里镇、尧棒乡、本寨乡、基长镇、打羊乡、董岭乡、黄后乡、麻尾镇、下司镇、上司镇、尧梭乡、水岩乡 |
| | 罗甸 | 凤亭乡、罗妥乡、红水河镇、罗暮乡、边阳镇、交砚乡、板庚乡、龙坪镇、逢亭镇、茂井镇、八总乡、沟亭乡、罗悃镇、栗木乡、云干乡、董当乡、平岩乡、沫阳镇、大亭乡、班仁乡、罗苏乡、纳坪乡、木引乡、董架乡、董王乡、罗沙乡 |
| | 长顺 | 敦操乡、交麻乡、睦化乡、代化镇 |
| 黔东南 | 榕江 | 仁里乡、崇义乡、忠诚镇、平江乡、定威乡、塔石乡、三江乡、兴华乡、水尾乡、计划乡、古州镇、车江乡、栽麻乡、八开乡 |
| | 黎平 | 双江乡 |
| | 从江 | 下江镇、宰便镇、往洞乡、谷坪乡、贯洞镇、高增乡、丙妹镇、西山镇、斗里乡、翠里乡、雍里乡、刚边乡、秀塘乡、加榜乡、加勉乡、光辉乡、加鸠乡、东朗乡、停洞镇 |
| | 雷山 | 达地乡 |
| 六盘水 | 盘州 | 两河乡、西冲镇、板桥镇、水塘镇、石桥镇、民主镇、忠义乡、普田乡、保田镇、响水镇、乐民镇、断江镇、新民乡、大山镇、平关镇、红果镇、火铺镇 |

从全省范围来看，除了遵义习水、贵阳开阳、铜仁万山和玉屏等中高海拔区域受春季气温波动影响喜凉蔬菜播种（详细乡镇分布见表2）。

总体来看，从10月至次年3月，贵州春夏错季喜凉蔬菜适宜种植区域非常广泛，随着热量条件的好转，适宜种植春夏错季喜凉蔬菜的范围逐渐扩大，因此，应根据热量条件安排不同播种期、不同种类的喜凉蔬菜种植，以便于错峰供应春夏蔬菜。

表2 贵州适宜2—3月播种根菜类、茎菜类、叶菜类、花菜类喜凉蔬菜的乡镇

| 市（州） | 县（市、区） | 乡镇 |
|---|---|---|
| 黔西南 | 贞丰 | 沙坪乡、鲁贡镇、珉谷镇、者相镇、白层镇、鲁容乡、连环乡、挽澜乡、小屯乡、北盘江镇、珉谷镇、挽澜乡、龙场镇、长田乡、平街乡 |
| | 望谟 | 新屯镇、麻山乡、复兴镇、大观乡、纳夜镇、石屯镇、乐元镇、油迈乡、蔗香乡、昂武乡、桑郎镇、乐旺镇、郊纳乡、打易镇 |
| | 册亨 | 岩架镇、者楼镇、秧坝镇、庆坪乡、达秧乡、百口乡、弼佑乡、八渡镇、丫他镇、冗渡镇、巧马镇、坝赖镇、邑饶乡、坎边乡、石屯镇、乐元镇、打易镇、坡妹镇 |
| | 安龙 | 钱相乡、新安镇、龙山镇、平乐乡、兴隆镇、德卧镇、万峰湖镇、笃山乡、坡脚乡、普坪镇、钱相乡、洒雨镇、新桥镇、新安镇、海子乡、戈塘镇、龙山镇、龙广镇、笃山乡、木咱镇 |
| | 普安 | 新店乡、青山镇、楼下镇、雪浦乡、罗汉乡、地瓜镇、三板桥镇 |
| | 兴仁 | 百德镇、四联乡、田湾乡、新马场乡、回龙镇、屯土脚镇、雨樟镇、鲁础营乡、新龙场镇、潘家庄镇、下山镇、大山乡、巴铃镇、民建乡、城关镇、李关乡 |
| | 晴隆 | 鸡场镇、碧痕镇、大厂镇、安谷乡、紫马乡、三宝乡、光照镇 |
| | 兴义 | 马岭镇、七舍镇、敬南镇、猪场坪乡、捧鲊镇、乌沙镇、白碗窑镇、雄武乡、鲁布革镇、三江口镇、洛万乡、沧江乡、泥凼镇、巴结镇、郑屯镇、仓更镇、下五屯镇、则戎乡、顶效镇、桔山镇、坪东镇、黄草坝镇、马岭镇、威舍镇、清水河镇、乌沙镇、郑屯镇、鲁屯镇、万屯镇、顶效镇、桔山镇、坪东镇 |
| 黔南 | 平塘 | 西凉乡、鼠场乡、塘边镇、克度镇、牙舟镇、卡罗乡、甘寨乡、平湖镇、者密镇、四寨镇、摆茹镇、通州镇、新塘乡、大塘镇、掌布乡、谷洞乡、白龙乡、苗二河乡、卡蒲乡 |
| | 罗甸 | 边阳镇、交砚乡、板庚乡、龙坪镇、逢亭镇、茂井镇、八总乡、沟亭乡、罗悃镇、栗木乡、云干乡、董当乡、董架乡、平岩乡、沫阳镇、大亭乡、班仁乡、凤亭乡、罗妥乡、红水河镇、罗暮乡、罗苏乡、纳坪乡、木引乡、边阳镇、交砚乡、栗木乡、董王乡、罗沙乡 |
| | 荔波 | 捞村乡、洞塘乡、翁昂乡、方村乡、水利乡、水尧乡、瑶麓乡、永康乡、玉屏镇、佳荣镇、茂兰镇、立化镇、瑶山乡、驾欧乡、播尧乡、甲良镇、朝阳镇、翁昂乡 |
| | 三都 | 拉揽乡、水龙乡、中和镇、三洞乡、交梨乡、三合镇、打鱼乡、羊福乡、都江镇、坝街乡、扬拱乡、九阡镇、周覃镇、恒丰乡、廷牌镇、塘州乡、大河镇、普安镇、巫不乡、合江镇、丰乐镇 |
| | 惠水 | 太阳乡、抵季乡、断杉镇、打引乡、长安乡、羡塘乡、鸭绒乡、斗底乡、雅水镇、抵麻乡、长田乡、大坝乡、甲烈乡、宁旺乡、摆榜乡、王佑镇、芦山镇、甲戎乡、摆金镇、岗度乡、毛家苑乡、羡塘乡、和平镇、高镇镇、三都镇、大龙乡 |
| | 长顺 | 改尧镇、中坝乡、敦操乡、交麻乡、鼓扬镇、云盘乡、摆所镇、摆塘乡、威远镇、睦化乡、长寨镇、代化镇 |
| | 都匀 | 河阳乡、平浪镇、江洲镇、石龙乡、凯口镇、沙寨乡、墨冲镇、奉合乡、阳和乡、基场乡、摆忙乡、良苗乡 |
| | 龙里 | 羊场镇、摆省乡 |

续表

| 市（州） | 县（市、区） | 乡镇 |
|---|---|---|
| 黔南 | 贵定 | 抱管乡、猴场堡乡、窑上乡、铁厂乡、云雾镇 |
| | 独山 | 黄后乡、甲里镇、尧棒乡、本寨乡、基长镇、打羊乡、董岭乡、麻尾镇、下司镇、上司镇、城关镇、兔场镇、翁台乡、尧梭乡、羊凤乡、麻万镇、甲定乡、水岩乡 |
| 黔东南 | 榕江 | 平永镇、仁里乡、崇义乡、忠诚镇、平江乡、定威乡、三江乡、兴华乡、水尾乡、计划乡、古州镇、车江乡、栽麻乡、八开乡 |
| | 黎平 | 罗里乡、孟彦镇、德凤镇、坝寨乡、茅贡镇、岩洞镇、顺化乡、水口镇、德化乡、平寨乡、九潮镇、口江乡、双江乡、永从乡、地坪乡、龙额镇、雷洞乡、洪州镇、大稼乡、尚重镇、肇兴乡、中潮镇 |
| | 雷山 | 丹江镇、达地乡、永乐镇、桃江乡、大塘乡、方祥乡 |
| | 锦屏 | 固本乡 |
| | 镇远 | 大地乡、都坪镇、尚寨乡、羊场镇 |
| | 台江 | 南宫乡、方召乡 |
| | 施秉 | 马溪乡、白垛乡、牛大场镇 |
| | 剑河 | 南寨乡、南加镇、南哨乡、太拥乡、久仰乡、柳川镇、革东镇 |
| | 岑巩 | 平庄乡、凯本乡、龙田镇、客楼乡 |
| | 丹寨 | 排调镇、雅灰乡、扬武乡、龙泉镇 |
| | 从江 | 下江镇、宰便镇、往洞乡、谷坪乡、贯洞镇、高增乡、丙妹镇、西山镇、斗里乡、翠里乡、雍里乡、刚边乡、秀塘乡、加榜乡、加勉乡、光辉乡、加鸠乡、东朗乡、停洞镇 |
| 安顺 | 紫云 | 达帮乡、火花乡、四大寨乡、猴场镇、大营乡、宗地乡、水塘镇、松山镇、板当镇、白石岩乡 |
| | 镇宁 | 良田乡、简嘎乡、城关镇、江龙镇、募役乡、马厂乡、打帮乡、六马乡、沙子乡、朵卜陇乡、丁旗镇、本寨乡、扁担山乡、黄果树镇 |
| | 关岭 | 扳贵乡、沙营乡、永宁镇、岗乌镇、新铺乡、普利乡、花江镇、白水镇、坡贡镇、顶云乡、上关镇、关索镇、断桥镇、八德乡 |
| 遵义 | 正安 | 格林镇、瑞溪镇、新州镇、杨兴乡、中观镇、和溪镇、碧峰乡、班竹乡、俭平乡、凤仪镇、安场镇 |
| | 习水 | 土城镇、同民镇 |
| | 赤水 | 复兴镇、丙安乡、白云乡、旺隆镇、天台镇、大同镇、宝源乡、两河口乡、元厚镇、葫市镇、官渡镇、长期镇、长沙镇 |
| | 务川 | 分水乡、砚山镇、镇南镇、柏村镇、浞水镇、大坪镇、涪洋镇、泥高乡、茅天镇、石朝乡、红丝乡、蕉坝乡 |
| | 凤冈 | 王寨乡 |
| | 道真 | 河口乡、玉溪镇、上坝乡、三桥镇、阳溪镇、洛龙镇、忠信镇、桃源乡、旧城镇、棕坪乡、隆兴镇、三江镇、大矸镇、平模镇 |

续表

| 市（州） | 县（市、区） | 乡镇 |
|---|---|---|
| 铜仁 | 印江 | 板溪镇、峨岭镇、朗溪镇、木黄镇、永义乡、罗场乡、洋溪镇、杨柳乡、缠溪镇、新寨乡、中坝乡、沙子坡镇、刀坝乡、天堂镇、杉树乡、新业乡、合水镇 |
| | 沿河 | 黑水乡、官舟镇、和平镇、淇滩镇、板场乡、甘溪乡、垢坪乡、客田镇、黄土乡、中寨乡、泉坝乡、土地坳镇、夹石镇、谯家镇、晓景乡、中界乡、黑獭乡、新景乡、塘坝乡、洪渡镇、沙子镇、思渠镇 |
| | 碧江 | 城区、滑石乡、坝黄镇、和平乡、川硐镇 |
| | 松桃 | 大路乡、孟溪镇、平头乡、瓦溪乡、永安乡、乌罗镇、寨英镇、普觉镇、沙坝乡、甘龙镇、牛郎镇、冷水溪乡、石梁乡 |
| | 思南 | 张家寨镇、思塘镇、胡家湾乡、大河坝乡、许家坝镇、思林乡、邵家桥镇、枫芸乡、鹦鹉溪镇、凉水井镇、孙家坝镇、大坝场镇、兴隆乡、塘头镇、板桥乡、青杠坡镇、杨家坳乡、亭子坝乡、宽坪乡、东华乡、瓮溪镇、长坝乡、天桥乡、三道水乡、香坝乡、合朋溪镇、文家店镇 |
| | 石阡 | 汤山镇、中坝镇、国荣乡、坪地场乡、大沙坝乡、龙塘镇、龙井乡、白沙镇、聚凤乡、甘溪乡、坪山乡、五德镇、本庄镇、青阳乡、石固乡、花桥镇、枫香乡 |
| | 江口 | 桃映乡、怒溪乡、太平乡、德旺乡、官和乡、闵孝镇、双江镇 |
| | 德江 | 钱家乡、青龙镇、长堡乡、泉口乡、堰塘乡、共和乡、潮砥镇、枫香溪镇、桶井乡、稳坪镇、合兴乡、高山乡、荆角乡、长丰乡、煎茶镇、龙泉乡 |
| 六盘水 | 盘州 | 松河乡、淤泥乡、鸡场坪乡、滑石乡、旧营乡、两河乡、西冲镇、城关镇、板桥镇、珠东乡、水塘镇、石桥镇、民主镇、玛依镇、忠义乡、四格乡、普古乡、羊场乡、马场乡、老厂镇、普田乡、保田镇、响水镇、乐民镇、断江镇、盘江镇、柏果镇、坪地乡、新民乡、洒基镇、大山镇、英武乡、刘官镇、平关镇、红果镇、火铺镇 |
| | 六枝 | 大用镇、木岗镇、落别乡、折溪乡、郎岱镇、洒志乡 |
| 贵阳 | 花溪 | 高坡乡 |
| 毕节 | 威宁 | 哲觉镇 |

# 第三章

# 贵州春夏错季喜凉蔬菜优质高效生产基本措施

## 第一节　春夏错季喜凉蔬菜育苗关键技术

### 一、育苗前准备

#### （一）育苗材料

**1. 育苗穴盘**

采用标准黑色穴盘，吊杯式移栽机栽植秧苗选用72孔或105孔穴盘，链夹式移栽机栽植秧苗选用105孔或128孔穴盘。重复使用的穴盘在使用之前要统一做消毒处理。首先将旧的穴盘冲洗干净，选出好的、无破损的穴盘，将其全部浸入浓度为0.3%的高锰酸钾溶液内浸泡15 min，或者采用2%的漂白粉溶液浸泡30 min，最后用清水漂洗干净。具体参照《蔬菜穴盘育苗通则》（NY/T 2119—2012）。

**2. 育苗基质**

基质由草炭、蛭石、珍珠岩组成，体积比为2：1：1。育苗基质应符合《蔬菜育苗基质》（NY/T 2118—2012）的规定，满足无土传病害、无有害物质的要求。

基质用量：每立方米育苗基质，通常可分装72孔穴盘200盘、128孔穴盘260盘。

蔬菜育苗基质的物理性状详见表3。

表3　蔬菜育苗基质的物理性状指标

| 容重 /g·cm$^{-3}$ | 总孔隙 /% | 大孔隙 /% | 小孔隙 /% |
| --- | --- | --- | --- |
| 0.35 | 66.8 | 19.9 | 46.9 |

#### （二）育苗时间

依据生产确定的移栽时间，根据品种特性及育苗技术条件，推算育苗时间。对易先期抽薹的蔬菜，要根据不同海拔、不同气候特征确定不同育苗时间，避免出现抽薹现象，例如：春夏甘蓝播种越早，越冬的植株生长发育越快，早期的抽薹率则高。为防止大苗越冬，必须严格控制播种期（春夏甘蓝播种、收获时间见表4，春夏大白菜播种、移栽、收获时间见表5。

表4 不同地区春夏甘蓝播种、收获时间

| 地区 | 播种时间 | 收获时间 |
| --- | --- | --- |
| 中部温和地区 | 10月中旬至下旬 | 3—4月 |
| 暖热（低热）地区 | 11月中旬 | 4—5月 |
| 温凉地区 | 10月上旬 | 5—6月 |

表5 不同海拔、1月平均气温地区春夏大白菜播种、移栽、收获时间

| 地区 | | 播种时间 | 移栽时间 | 收获时间 |
| --- | --- | --- | --- | --- |
| 海拔/m | 1月平均气温/℃ | | | |
| 400 ~ 600 | 8.9 ~ 10.1 | 1月底至2月中旬 | 3月初至中旬 | 4月中旬至月底 |
| >600 ~ 850 | 7.6 ~ 8.9 | 2月中旬至下旬 | 3月中旬至月底 | 4月下旬至5月初 |
| >850 ~ 1100 | 5.6 ~ 7.6 | 2月下旬至3月初 | 3月下旬至4月初 | 5月初至中旬 |
| >1100 ~ 1400 | 4.4 ~ 5.6 | 2月底至3月上旬 | 3月底至4月上旬 | 5月初至中下旬 |
| >1400 ~ 1800 | 2.4 ~ 4.4 | 3月中旬至下旬 | 4月中旬至月底 | 5月下旬至6月初 |

## （三）育苗方式

根据栽培季节和方式，可采用塑料棚、温室、温床、露地育苗，有条件的可采用工厂化育苗。春夏错季喜凉蔬菜育苗以穴盘基质育苗为主，忌用水培漂浮育苗。

# 二、品种选择

选择本地适应性好、耐寒性强、抗性强、品质优良的蔬菜品种。

# 三、种子处理

## （一）种子消毒

一般采用温汤浸种法，用50 ~ 55 ℃水浸种25 min，搅拌降温至30 ℃，再浸泡2 ~ 3 h，待种子充分吸收水分后，捞出晾干后播种；也可用0.1% ~ 0.3%的高锰酸钾浸泡2 h，用清

水漂洗晾干后播种。

### （二）浸种前准备

**1. 晒种**

晒种能增强种子皮的透性和增进酶的活性，提高种子的发芽率和存活能力，播种后可提早出苗，此外还可提高种子的吸水能力，并杀灭部分病菌，保证种子质量。晒种时间一般需要1～2天，每天约晒6 h，选择晴天的中午前后有阳光时进行。为使种子接受的阳光均匀，应将种子在晒席上薄薄摊开，每日翻动3～4次。

**2. 浸种工具**

常用透水性较好、结实的塑料编织袋。

### （三）温水浸种

用50～55 ℃（可用2份开水兑1份凉水）的温水浸泡7～8 min，并不断搅拌，然后再加入凉水。浸泡时间因种子不同而异，如白菜浸泡1～3 h，甘蓝浸泡1～2 h。温水浸种应注意：①浸泡用的容器要干净；②用水量应适中，以水刚刚淹没种子为宜；③浸泡4～5 h须换水1次；④浸泡过程中要清除飘浮在水面上的秕籽。

### （四）沼液浸种

前期工作：①清理浮渣等，即将沼气池出料间内的浮渣和其他杂物清理干净；②揭盖透气，即加有盖板的出料间应于清渣前1～2天揭开透气，并搅动料液几次，让硫化氢气体逸散，以便于浸种。

用于浸种的沼液应具备的条件：①正常运转使用2个月以上，并且正在产气（以能点亮沼气灯为准）的沼气池出料间内的沼液。废弃不用的沼气池的沼液不能用来浸种。②出料间流进了生水、有毒污水（含农药等），或倒进了生粪水及其他废弃物的沼液不能用。出料间表面起白色膜状的沼液不宜用于浸种。③发酵充分的沼液为无恶臭气味、深褐色、明亮的液体，pH值为7.2～7.6。

### （五）生物药剂拌种

用达种子重量1%的10亿/g枯草芽孢杆菌粉剂拌种。

## 四、种子催芽

用布或毛巾将经温汤浸泡过的种子包起来，放入渗水容器中并在容器盖上湿毛巾，放在适温下催芽。催芽温度为23～28 ℃，催芽时间以种子大部分露白为度。

催芽后，待出芽率达到95%以上，马上进行播种。

## 五、播种

种子播种量为 40 ~ 50 g / 亩，可采用营养盘或苗床育苗。育苗基质采用商品育苗基质。苗床育苗时，苗床宽约 1 m，长度依据地块大小而定。

### （一）基质预湿

基质使用前要预先润湿，调节基质含水量至 35% ~ 40%，即：用手紧握基质，基质可成形但不形成水滴，松开手后，基质能够保持原来形状，再用手挤压，基质会散开。

### （二）播种

#### 1. 基质装盘

将预湿好的基质装入穴盘中，穴面用刮板从穴盘的一方刮向另一方，使每个孔穴都装满基质。装盘后各个格室应清晰可见，且不能按压，以保持穴盘基质疏松状态。

#### 2. 压穴

将装满基质的穴盘 3 ~ 4 个叠放压穴，穴深约 0.5 cm；也可以采用压穴板压穴，穴深控制在 1 cm 以内。

#### 3. 播种

育苗盘每穴播种 1 ~ 2 粒种子，并放置在孔穴的正中央，播种深度为 0.5 ~ 1.0 cm。多播种约 3 盘备用苗，用作补缺。

#### 4. 覆盖

播种后，再覆盖 1 层基质，用刮板刮去多余基质，且不能按压，使基质与穴盘格室相平。

#### 5. 浇水

种子盖好后喷透水，均匀浇水至基质应湿且透，保持基质含水量为 80% ~ 90%，以穴盘底孔刚好能渗出水滴为宜，稍滤干后将育苗穴盘放置于催芽室或苗床上。

也可采用育苗流水线，一次完成基质装盘、压穴、播种、覆盖和浇水作业。

## 六、苗期管理

### （一）水分管理

出苗期，始终保持基质湿润，无须控水。喷水量和喷水次数视育苗季节和秧苗大小而定，但在穴面基质未发白时即应补充水分，每次须喷匀、喷透，保证子叶正常出土成苗且苗齐。

子苗期要适当控制水分，控制白天温度为 18 ~ 22 ℃，夜间温度为 12 ~ 16 ℃，防止徒长，保证机械移栽过程中最易被损伤的下胚轴及第一个子叶节粗壮；使子苗充分见光，在阴天条件下可适当补充红光和蓝紫光。

成苗期要逐渐降低基质含水量和空气温度，适当提高营养液浓度，采用干湿交替法进行水分管理，晴天每天上午进行灌溉；控制白天温度为 16 ~ 21 ℃，夜间温度为 10 ~ 15 ℃。

炼苗期要适当降低温度，控制浇水，停止施肥，加大通风量，使育苗环境逐步与外界环境趋于一致。起苗移栽前 1 天要浇透水。

（二）病虫害防控

病虫害防治按照"预防为主，综合防治"的植保方针执行，坚持"农业防治、物理防治、生物防治为主，化学防治为辅"的无害化控制原则。药剂防治应严格按照《绿色食品 农药使用准则》（NY/T 393—2020）、《农药合理使用准则（十）》（GB/T 8321.10—2018）执行。

苗期常见病虫害有猝倒病、软腐病及蚜虫等，防治方法详见表 6。

表 6 苗期常见病虫害及其防治方法

| 病虫害 | 防治方法 |
|---|---|
| 猝倒病 | 75% 百菌清可湿性粉剂 600 ~ 800 倍液，喷施<br>64% 恶霜灵·锰锌可湿性粉剂 500 ~ 600 倍液，喷施<br>25% 寡糖·乙蒜素微乳剂，1500 倍液喷施<br>5% 井冈霉素水剂，500 ~ 1000 倍液喷施 |
| 软腐病 | 30% 碱式硫酸铜悬浮剂 350 ~ 500 倍液，喷施<br>20% 噻菌铜悬浮剂 300 ~ 500 倍液，喷施<br>1000 亿孢子 /g 枯草芽孢杆菌可湿性粉剂 750 倍液，喷施<br>20% 噻唑锌悬浮剂 500 倍液，喷施<br>50% 氯溴异氰尿酸可溶性粉剂 750 倍液，喷施<br>2% 春雷霉素可湿性粉剂 600 ~ 1000 倍液，喷施 |
| 蚜虫 | 6% 鱼藤酮微乳剂 1000 倍液，喷施<br>0.5% 苦参碱水剂 1000 ~ 1500 倍液，喷施<br>1.5% 天然除虫菊素水乳剂 2000 ~ 3000 倍液，喷施<br>20% 甲氰菊酯乳油 2000 倍液，喷施<br>2.5% 高效氯氟氰菊酯水乳剂 2500 ~ 3000 倍液，喷施<br>50% 抗蚜威可湿性粉剂 1500 倍液，喷施 |

（三）温度管理

春夏错季蔬菜育苗主要在 12 月至次年 4 月，此时气温最低或正好是倒春寒，因此育苗主要以保温、增温为主。增温措施主要有电热温床（附图中图 1）、增盖棚膜（附图中图 2）、暖气增温（附图中图 3）等。

# 七、成苗标准

## （一）目测标准

优质的穴盘苗应具备节间短、茎秆粗壮、叶片肥厚、子叶完整、深绿色、叶柄短、株丛紧凑、根系发达的苗整齐一致等标准。

壮苗的感官标准：茎秆粗壮，子叶完整，叶色亮绿，生长旺盛，根系将基质紧紧缠绕并形成完整根坨，无黄叶，无病虫害。

## （二）评价标准

成苗质量评价标准如表7所列。

表7　成苗质量评价标准

| 项目 | 标准 |
|---|---|
| 苗龄 / 天 | 甘蓝：30 ~ 35　大白菜：15 ~ 20 |
| 真叶数 / 片 | 甘蓝：5 ~ 6　大白菜：3 ~ 4 |
| 全株高 /cm | 13 ~ 18 |
| 开展度 /cm | 7 ~ 13 |
| 茎粗 /mm | 2.0 ~ 3.5 |
| 根冠比 /% | 13 ~ 19 |
| 壮苗指数 | 0.018 ~ 0.026 |
| 散坨率 /% | < 12 |

# 八、装运及检疫

## （一）运输

温室内种苗运输用温室苗床专用运输车进行，运输车行走在苗床上，运输种苗约20盘 / 次；园区内种苗短距离运输采用穴盘苗专用台车进行，前配牵引车，运输种苗300盘 / 次。园区间种苗长距离运输是先使用统一的"标准箱"装苗，1盘1箱，标准箱的尺寸为54 cm×28 cm×21 cm，并在标准箱外做好时间、品种和数量等标识登记，然后采用专用保温车运输，运输车内温度应控制在10 ~ 25 ℃。

## （二）植物检疫

发往其他省（区、市）的种苗要经过相关部门的检测。

## （三）生产档案

建立种苗穴盘育苗生产技术档案，详细记录种苗的生产环境条件、生产技术、病虫害防治和出苗等各环节所采取的措施。生产技术档案应保留一个生产周期以上。

# 第二节 春夏错季喜凉蔬菜病虫害绿色综合防控技术

## 一、种子种苗处理技术

种子种苗是病菌的主要携带者，种子的有效处理可以从源头上杜绝有害病菌的引入；种子播种前处理（如晒种、浸种、催芽等）可以提高种子的发芽率和发芽势，缩短播种后的生长期。

### （一）温水浸种

将种子放入 55 ℃的温水中不断搅拌，白菜和西蓝花搅拌 10 min，胡萝卜和芫荽搅拌 30 min。55 ℃为病菌的致死温度，种子经温水浸种后，可基本杀死其表面的病菌，钝化病毒，获得与药剂处理相同的效果。

### （二）药剂处理

将种子放入 0.1% 高锰酸钾溶液中浸泡 15 min，然后用清水冲洗干净。此法可防治枯萎病、立枯病、霜霉病、根腐病、病毒病和炭疽病等。

### （三）低温处理

某些蔬菜种子经低温处理后可明显提高发芽率，培养出来的植株更健壮、抗热，一般种壳较厚而难以发芽的种子（如胡萝卜、香菜的种子）常采用这种方法。主要有两种处理形式：①冰箱冷藏。在 5 ~ 10 ℃的低温下，将种子放入冰箱中冷藏 7 ~ 10 天；②深井冷藏。没有冰箱的，可将种子吊在阴凉的深井中，借助井内低温冷藏 10 天左右，也可以达到低温催芽的效果。

### （四）晒种

种子消毒处理前，应在晴天上午 10 点至下午 4 点时段将其晾晒 1 ~ 2 h，以杀灭种子表面的病菌。胡萝卜和芫荽种皮较厚，其胚根难以突破种皮，晒种后要先搓碾种子（胡萝卜要搓去种子刺毛，芫荽要碾破种皮），再催芽播种。

### （五）催芽

催芽可加快出苗速度，提高出苗率。胡萝卜、芫荽种子经晒种和消毒处理后，碾破种皮，用清水浸泡 24 ~ 28 h，捞出后包在潮湿、无污染的纱布中，每天翻动 1 ~ 2 次，保持一定湿度，经 5 ~ 8 天，当 50% 的种子露白即可用于播种；白菜、甘蓝、花菜等种子经消毒处理后，可直接包在潮湿的纱布中 12 ~ 24 h，种子露白后即可用于播种。

### （六）种苗药剂预防

在移栽定植前 3 天对种苗进行药剂处理，以保证壮苗，减少土传病虫害。可根据药物特点选择喷雾施药，亦可采用苗床灌根或穴盘蘸根等方法。优选寡雄腐霉菌、枯草芽孢杆菌、木霉菌等微生物菌剂；次选 25% 噻虫嗪水分散粒剂、21% 噻虫嗪悬乳剂等化学农药防控虫害，病害防控可选用 25% 嘧菌酯悬浮剂等。另外可使用植物免疫诱抗剂，如康壮素（蛋白质激发子）、微生物益生菌（如枯草芽孢杆菌）、几丁聚糖、氨基寡糖素、香菇多糖、低聚糖素等提前处理种苗，以提高其抗性。

## 二、虫害绿色防控技术

### （一）理化诱控

杀虫灯（趋光性诱杀）：使用频振式杀虫灯诱杀夜蛾、跳甲、象甲、金龟子、飞虱等害虫。

黏虫板（趋色性诱杀）：在菜田中张贴黄色胶板诱杀蚜虫、白粉虱、斑潜蝇，张贴蓝色胶板诱杀蓟马。

糖醋液（趋化性诱杀）：配制适合某些害虫口味的有毒诱液诱杀害虫，如糖醋毒液可置于在田间诱杀地老虎等害虫。

性诱剂诱杀：根据害虫发生种类选择相应的性诱剂，常用的诱器有夜蛾类诱捕系统、反向双漏斗飞蛾类诱捕系统、果实蝇诱捕系统和微小昆虫诱捕系统等。诱芯可结合色板诱杀，将小菜蛾、夜蛾类通过性诱的方式黏在色板上。

色板诱杀：色板主要诱杀对象为同翅目的蚜虫、粉虱、叶蝉等，以及双翅目的斑潜蝇、种蝇等。将黏虫板悬挂于蔬菜上部 15 ~ 20 cm 处即可，并随蔬菜的生长不断调整黏虫板的悬挂高度，色板下缘距离蔬菜顶部须 10 ~ 20 cm。

防虫网隔离：育苗时选用 20 ~ 30 目的防虫网覆盖种苗，构建隔离屏障，有效隔离小菜蛾、夜蛾、菜青虫、跳甲、蚜虫等多种蔬菜害虫。

### （二）天敌控害

保护或释放天敌，即利用天敌对害虫或害虫卵进行捕食，从而达到抑制和控害的目的。

蚜虫天敌控害可采用每亩投放 200 ~ 250 头瓢虫成虫，或每亩投放 100 ~ 150 头食蚜蝇，或每亩释放 500 头食蚜瘿蚊，或每亩释放 5000 ~ 15 000 头草蛉等措施。

菜青虫天敌控害可采用释放赤眼蜂、菜粉蝶绒茧蜂、蠋蝽等昆虫的方式。赤眼蜂每亩释放量为 1.5 万 ~ 2 万头，分 2 次释放，于菜青虫爆发前 3 ~ 5 天释放，间隔 5 ~ 7 天第二次释放。

小菜蛾天敌控害可采用释放小菜蛾绒茧蜂和瓢虫等天敌的方式。小菜蛾绒茧蜂释放方法同菜青虫的天敌菜粉蝶绒茧蜂的释放方法。

### （三）化学防控

蚜虫：可选用 1.8% 阿维菌素乳油 3500 ～ 4000 倍液、20% 吡虫啉 8000 倍液或菊酯类杀虫剂等喷施 1 ～ 3 次，每次间隔 7 ～ 10 天。另可使用 40% 溴酰·噻虫嗪 750 倍液加 2% 阿维菌素乳油 4000 ～ 6000 倍液喷施 2 ～ 3 次，每次间隔 10 天左右。药物须交替使用，注意下雨前不能用药。

菜青虫：常用药剂有 20% 吡虫啉 8000 倍液、5% 甲维盐乳油 2000 倍液喷施 2 ～ 3 次，每次间隔 7 ～ 10 天。药物应交替使用，避免产生抗药性。注意下雨前不能用药。

小菜蛾：化学防治要选在 1 ～ 2 龄虫段，每亩选用 8000 IU/mg 苏云金杆菌可湿性粉剂 100 ～ 300 g、3% 苦参碱 800 ～ 1000 倍液或 0.3% 印楝素 1300 ～ 2000 倍液进行防治。注意药物交替使用或混合配用时，要保证 7 天左右间隔期，以减缓小菜蛾抗药性的产生。

斜纹夜蛾：可配置糖醋液（糖：醋：白酒：水 =6：3：1：10）进行诱杀，再添加 1 份 90% 敌百虫，调匀后装在离地 0.6 ～ 1.0 m 的盆、罐中，置于田间。田间喷施 25% 甲维·虫酰肼 190 ～ 220 g/hm$^2$、5% 甲维·高氯氟 1000 倍液、20% 甲维·茚虫威 1500 倍液、5% 甲维·氟啶脲 60 ～ 80 mL/ 亩、10% 溴氰虫酰胺 1000 ～ 1500 倍液或 5% 氯虫苯甲酰胺悬浮剂 1500 倍液等。应于 4 龄暴食期前进行防控，注意喷药间隔期，交替喷施。

跳甲：可喷施 20% 呋虫胺 2000 倍液或 20% 虫腈·哒螨灵 20 ～ 40 mL/ 亩。防控跳甲须兼防螟蛾类害虫，可使用 1.8% 阿维菌素乳油 2000 倍液、8000 IU/mg 苏云金杆菌可湿性粉剂 250 ～ 300 g/ 亩、4000 IU/μL 苏云金杆菌悬浮剂 150 ～ 200 mL/ 亩、核型多角体病毒制剂 2000 倍液喷施。药剂防控跳甲时，须从垄两边集中向中间并以植株为中心画圈施药，防止跳甲跳离施药范围。

## 三、病害的绿色防控

优先采用农业防治、物理防治、生物防治等措施进行防治，药剂使用应按照《农药安全使用规范 总则》（NY/T 1276—2007）中规定执行。

### （一）根肿病

#### 1. 农艺防控

拦截发病田块周边的雨水与灌溉水以减缓传播速度，降低土壤湿度并及时排出积水，采用高畦栽培，田块周边做好深沟排水系统；在发病田块进行农事操作时勿将带病残体和病土沾身或随农具带到其他田块；及早清理病株，及时无害化处理带病基质和植株，减少侵染源；带病田块 5 年内最好种植玉米、麦类、茄果类、瓜类等非同科作物，或种植带 "CR"（clubroot resistance，即抗根肿病）字样的同科品种；选取无病壮苗进行定植；调整土壤酸碱度，可用生石灰处理土壤，生石灰用量要控制在 1125 kg/hm$^2$ 以下，发病严重的田块可使用 20% 氰氨化钙进行防控；可施用草木灰 300 kg/hm$^2$，增强土壤的通透性，促进根系发育。

## 2. 生物防控

可采用枯草芽孢杆菌 XF-1、链霉菌 A316 与 A10、放线菌 YN-6、真菌 XP-F2 对菜园、种苗和种子进行处理。直播作物播种时，可以用上述微生物进行拌种；定植时可以利用灌根或蘸根的方法进行定植前处理；中耕或浇水时，可直接撒在植株旁边；施肥时，可随肥穴施。

## 3. 药剂防控

药剂防治原则为"早预防、持续防治"，降低病原菌耐药性。植株发病时可选用 500 g/L 氟啶胺悬浮剂，移栽时随定根水施用，按 5000 倍稀释，每株用药液 250 mL；或移栽时随定根水施用，"氟啶胺 5000 倍液 + 解淀粉芽孢杆菌 QST713（每毫升有效活菌数 ≥ 3.0 亿）1000 倍液"，每株用药液 250 mL。另外，移栽时用氟啶胺 5000 倍液，每株用药液 250 mL，移栽后 10 ~ 15 天用 20% 氰霜唑悬浮剂 1000 倍液喷淋根茎基部，每株用药液 50 mL。

### （二）霜霉病

## 1. 农艺防控

避免与同科蔬菜连作和邻作；清除病残体，深翻晒垡，深沟窄畦栽培；适期早播，错开发病高峰期。

## 2. 免疫诱抗

苗期用 0.5% 氨基寡糖素 400 ~ 600 倍液灌根，每株用药液 200 ~ 250 mL；或使用植物免疫增产蛋白 1000 倍液喷施叶面，间隔 7 ~ 10 天，连续使用 2 ~ 3 次。

## 3. 化学防控

种子消毒：消毒可使用的药剂有 25% 甲霜灵·锰锌、70% 乙铝·锰锌，在种子中加入达种子重量 0.4% 的药粉干拌。

田间施药：出现中心发病株时应及时喷药保护，老叶背面也应喷到。阴雨天应隔 5 ~ 7 天后继续喷药 2 ~ 4 次。常用 50% 甲霜灵·锰锌 600 倍液、1.5 亿活孢子/g 木霉菌 200 ~ 300 倍液、72.2% 霜霉威盐酸盐 600 ~ 800 倍液喷施。

### （三）炭疽病

## 1. 农业防治

清沟沥水，防止田间积水；合理施肥，增施磷肥、钾肥；收获后及时清理田园，消毒土壤，残菜尾菜进行无害化处理。

## 2. 免疫诱抗

苗期用 0.5% 氨基寡糖素 400 ~ 600 倍液灌根，每株用药液 200 ~ 250 mL，或使用植物免疫增产蛋白 1000 倍液喷施叶面，连续使用 2 ~ 3 次，每次间隔 7 ~ 10 天。

## 3. 化学防控

发病初期，喷 25% 溴菌腈 500 倍液或 2% "农抗 120" 150 倍液，间隔 7 ~ 8 天喷 1 次，连续喷 2 ~ 3 次。

### （四）细菌性角斑病

## 1. 农艺防控

选用抗病高产品种；与非同科蔬菜轮作 2 年以上；及时清洁田园，减少杂草和田间病源、虫源，培育壮苗，提高抗病能力；实行高垄栽培，做高垄；增施有机肥和磷肥、钾肥，施肥的原则是前重后轻。

## 2. 免疫诱抗

苗期用 0.5% 氨基寡糖素 400 ~ 600 倍液灌根，每株用药液 200 ~ 250 mL，或使用植物免疫增产蛋白 1000 倍液喷施叶面，间隔 7 ~ 10 天喷 1 次，连续使用 2 ~ 3 次。

## 3. 化学防控

发病初期，喷施 90% 新植霉素 4000 倍液、50% 异菌福 800 ~ 1000 倍液、58% 甲霜灵·锰锌 500 倍液等，药物轮换使用可兼治黑斑病，间隔 7 ~ 10 天喷 1 次，连续喷 3 次。

### （五）软腐病

## 1. 农艺防控

避免同科蔬菜连作；避免在低洼、黏重的地块上种植；种前应深耕晒田，高垄或高畦种植；增施基肥，及时追肥；适时播种，使包心期避开雨季；发现重病株，应及时收获或拔除；土壤应该见干见湿；提前防虫。

## 2. 免疫诱抗

苗期用 0.5% 氨基寡糖素 400 ~ 600 倍液灌根，每株用药液 200 ~ 250 mL，或使用植物免疫增产蛋白 1000 倍液喷施叶面，间隔 7 ~ 10 天喷 1 次，连续使用 2 ~ 3 次。

## 3. 化学防控

发病初期用生石灰 150 g/m$^2$ 消毒土壤。发病前或发病初期，以用药处理轻病株及周围株为重点，注意施在接近地表的叶柄及茎基部。药剂选用 47% 春雷·王铜 700 ~ 750 倍液、70% 敌磺钠 500 ~ 1000 倍液等。

## （六）病毒病

### 1. 农艺防控

选种抗病品种；调整蔬菜布局，合理间作、套作、轮作，发现病株及时拔除；适期早播，躲过高温及蚜虫猖獗季节，适时蹲苗。

### 2. 免疫诱抗

苗期用 0.5% 氨基寡糖素 400 ~ 600 倍液灌根，每株用药液 200 ~ 250 mL；或使用植物免疫增产蛋白 1000 倍液喷施叶面，间隔 7 ~ 10 天喷 1 次，连续使用 2 ~ 3 次。

### 3. 药剂防治

防病重点在于蚜虫。发病初期，可选用 20% 病毒 A 可湿性粉剂 500 倍液、1.5% 植病灵乳剂 1000 倍液、6.5% 菌毒清水剂 150 ~ 200 g/亩、25% 吗啉胍·锌可溶性粉剂 185 ~ 375 g/亩、20% 吗啉胍·乙酸铜可溶性粉剂 165 ~ 250 g/亩喷施，间隔 10 天喷 1 次，连续喷 2 ~ 3 次。

# 第四章

# 贵州春夏错季喜凉蔬菜栽培技术

## 第一节　大白菜春夏错季栽培技术

大白菜别名结球白菜、黄芽菜、包心白菜等，属十字花科芸薹属中能形成叶球的一个栽培亚种，为一年或二年生草本植物。大白菜是中国的特产蔬菜，是我国栽培面积最大、最普通的蔬菜作物，在贵州蔬菜生产、周年均衡供应及人民生活中占有非常重要的地位，是广大群众最喜食用的重要蔬菜，栽培面积大，遍及全省，全年均有栽培，种植面积仅次于辣椒，但总产量位居全省第一，食量全省第一，在贵州蔬菜周年供应上起着重要作用。贵州是典型的喀斯特山区，立体气候明显，但贵州正季大白菜2—3月陆续抽薹开花，而夏秋反季节大白菜要6月中旬后才陆续上市，所以4—5月是贵州大白菜的淡季。种植春白菜的图片见附图（图4至图9）。

### 一、主要特征特性

大白菜起源于中国，栽培历史约2000年，是极为重要的蔬菜。大白菜分类方法较复杂，概括起来有植物学分类与园艺学分类两大类。

植物学分类及生态型：大白菜变种因其起源地及栽培中心地区的气候条件不同，有卵圆形、平头形（又称"大陆性气候生态型"）和直筒形，3种生态型之间与其他变种间相互杂交，衍生出平头直筒、平头卵圆、圆筒、花心直筒、花心卵圆5个次级类型。

### 二、对环境条件的要求

大白菜属半耐寒蔬菜，不耐炎热也不耐严寒，要求温和凉爽的气候条件，生长适宜的日平均温度为12～22℃。然而，大白菜属于萌动种子春化感应型，即在种子萌动时就可以感受低温而通过春化过程。大量研究结果表明，大白菜春化过程对温度要求不太严格，一般在10℃以下时10～20天即可完成。不同生长期对温度有不同的要求，种子发芽最适温度为20～25℃；苗期生长适宜温度为22～25℃；莲座期要求日均18～22℃；结球期日均15～22℃较为适宜。大白菜是一种需要中等强度光照的蔬菜，充足的光照是大白菜生长的必要条件，但在结球期并不需要太强的光照，贵州各地区一般都能满足其生长对光照条件的需要。大白菜不同的变种、品种对温度的要求有一定的差异。同时，如果早春播种过早容易通过春化作用，出现先期抽薹现象，直接影响错季大白菜的生产及产量。因此，在贵州要实现大白菜错季栽培，就必须选择合适的播种期及适宜的品种。春播型品种的耐冬性和耐寒力强，不易抽薹，在二季作地区为春季栽培，在高原和高山地区为春夏播种栽培，多属于早中熟品种。

大白菜由于叶面积很大，蒸腾作用旺盛，耗水量多，根系浅，吸水能力差，因此，对水分的要求较高，应给其供应充足的水分。但土壤含水量过高，则易导致根系生长不良，引发软腐病和霜霉病；土壤含水量不足又极易因高温干旱而发生病毒病。

## 三、类型及品种

### （一）类型

按叶球形态，分为近球形、卵圆形、倒锥形、炮弹形、橄榄形、直筒形6类。

按熟性（从播种到商品成熟的天数），分为极早熟（<55天）、早熟（56～65天）、中熟（66～75天）、中晚熟（76～85天）、晚熟（>85天）5类。

按接球数量与重量，分为叶重型、叶数型和中间型3类。

按中肋颜色，分为青帮型、白帮型和青白帮型3类。

按栽培季节，分为春播型、夏播型和秋播型3个季节型。春白菜指冬性强、不易抽薹、耐寒、丰产的品种。这类耐抽薹品种能在春季上市，填补春淡市场。

按抽薹早晚和供应期，又分为早春菜和晚春菜两大类。根据贵州的栽培季节又可分为早春大白菜、春大白菜、春夏大白菜3类。①早春大白菜：晚秋播种，越冬栽培，3月上市。要求品种的耐抽薹性特强，经越冬栽培极不易先期抽薹，能在3月正常包心上市，填补春淡市场。②春大白菜：早春1—3月播种，4月上旬至5月底上市，填补全国性的春淡市场。要求品种的耐抽薹性要特强或强。③春夏大白菜：3—4月播种，5—6月淡季供应，可增加市场花色品种。要求品种的耐抽薹性要强或较强。早春栽培大白菜应选择耐抽薹性强、早熟、耐热耐湿、抗病虫的品种，春夏反季节大白菜要选择耐抽薹、耐热耐湿、抗病虫的品种。

适宜贵州错季栽培的大白菜品种主要有：黔白5号、黔白9号、金盾、寒峰、绿抗1019、宝丰665等。

### （二）品种

#### 1.黔白5号

春播生育期77天（定植后50天左右成熟）；耐抽薹性强，株型直立紧凑，株高38.3 cm，株幅48.1 cm；外叶深绿，叶面皱缩，叶球中桩合抱呈直筒形，球心浅黄，叶柄白绿，在冬春严寒条件下生长势强，结球紧实，单球重约1.5 kg，叶帮比0.7881，净菜率86.6%，亩产约5000 kg，商品性好，综合性状优。适宜贵州及相似生态地区栽培，除正季外，适合冬春、早春及春夏反季节栽培。

## 2. 黔白 9 号

属中晚熟一代杂种，早春栽培定植后 55 天左右成熟；株型直立、矮小、紧凑，株高 29 cm，开展度 43 cm；外叶深绿，叶面皱缩，叶柄绿白；叶球矮桩合抱呈直筒形，心叶浅绿，叶帮比 0.79；抗寒性好，在严寒条件下长势好，结球紧实，单球重约 1.4 kg，亩产量约 4800 kg；抗病性、抗寒性好，冬性极强，商品性佳，综合性状优，熟期与黔白 5 号熟期接近；颜色接近"青麻叶"，倍受消费者喜爱。

## 3. 金盾

韩国引进品种，生育期 65 天左右；叶子呈合抱状、半合抱状、炮弹形，叶色深绿；结球紧实，生长速度快，球高 34 cm，单球重 3.5 kg 左右；品质佳、商品性好，特耐储运，抗根肿病、软腐病、病毒病。

## 4. 寒峰

生育期 65 天；叶球合抱，呈炮弹形，球高 32 cm；结球紧实，外叶深绿，净菜率高，叶球重 3.5 ~ 4.0 kg；长势强，冬性好，耐抽薹，抗病性强。

## 5. 绿抗 1019

外叶绿色，叶面皱，叶柄浅绿，球叶叠抱，软叶率高，叶球呈倒卵圆形，净菜率高，单球重 2.5 ~ 3.5 kg；品质好，综合抗病性较强，适期适温播种 60 天左右开始收获，延迟至 70 天不裂球。

## 6. 宝丰 665

亩产 8000 ~ 9000 kg，生育期 60 天左右；外叶绿色，叶面较皱，白帮，球叶叠抱，叶球呈倒卵圆形，净菜率 80.6%，软叶率高，心叶微黄，单球重 2.5 ~ 3.0 kg；品质好，适宜性广，高抗霜霉病、病毒病，抗软腐病。

## 7. 绿松石

生育期 55 ~ 60 天；植株披张，外叶绿色，光滑油亮，叶面皱，叶柄浅绿，软叶率高，球叶叠抱，叶球呈倒卵圆形，净菜率高，单球重 2.5 ~ 3.5 kg，心叶浅黄；风味、品质特佳，适宜性广，综合抗病性较强。

## 8. 迟白 2 号及其改良系列品种

叶球为合抱型，球高 42 cm 左右，叶色绿，菜帮色白，叶球重 2 ~ 3 kg；在一般管理条件下，亩产净菜 7500 ~ 9000 kg，品质优，结球率高，是春季上市的包心大白菜新品种。稍显不足的是口味稍差，外观也不太好。

## 9. 其他

如高抗王 -2、韩国四季王、日本春黄白、小杂 55、兴滇 1 号、兴滇 2 号、鲁春白 1 号、强势、健春、美国越冬 150 天、改良青杂三号等，在贵州要到 3 月以后才能播种。

## 四、栽培技术

### （一）播种育苗

春夏大白菜对播种期、定植期的要求比较严格。种子萌动后只要在 10 ℃ 以下的低温，经过 10 天以上就可通过春化阶段。播种过早，大白菜易感受到低温，通过春化阶段而抽薹开花；播种过晚，上市期会与夏秋反季节白菜上市相遇，影响经济效益。因此，要根据当地气象预报，结合历年 2—5 月平均气温变化规律，确定播种期及定植期。春播大白菜，4 月初至 5 月采收上市。因前期低温，早春播种可使大白菜完成春化，而后期高温、长日照，又易导致大白菜未熟抽薹而减产甚至绝收。因此，该季栽培对大白菜要求严格，不同气候带、不同海拔要求不同，应以日平均气温达到 10 ℃ 以上播种为宜。春夏大白菜如采用大棚或小拱棚育苗，定植期可适当提早。贵州春夏大白菜一般采用小拱棚或小拱棚加大棚育苗方式。拱棚平均气温保持在 13 ℃ 以上，可以有效地防止先期抽薹，并且使包心期处于较适宜的温度条件下，这是春夏大白菜栽培的一个重要条件。为缩短缓苗期，早春种植建议先育苗再移栽，一般采用穴盘育苗，播种前进行种子处理，以减少田间病害的发生。可用 50% 多菌灵可湿性粉剂加 50% 福美双可湿性粉剂，按种子重量的 0.2% ~ 0.3% 进行拌种。春季水温比地温低 1 ~ 2 ℃，切忌用漂盘育苗（漂浮育苗降低了温度，容易引起先期抽薹）；育苗穴盘数为 50 ~ 120（忌用 136 穴以上烤烟育苗盘，易造成弱苗，缓慢期长），勤浇水，如条件允许可用潮汐式苗床，但要注意及时排水，以免温度过低；也可异地育苗，移栽时连基质一起拔出幼苗，装筐运输即可。

**1. 播种期选择**

贵州西南部、南部边缘及西北部赤水低热河谷地带，如罗甸、册亨、望谟、兴义、安龙、赤水等低热低海拔河谷地带，海拔在 500 m 以下，大部分地区 1 月平均温度在 9 ℃ 以上。其中南部的罗甸、望谟、册亨为贵州的无冬区，冬季热量条件充足，适宜 1 月下旬至 2 月初播种大白菜，抢先利用冬季温暖的热量资源，提早播种，获得错季栽培的经济效益。在先期抽薹发生频率较高的地区，应选用特耐抽薹的黔白 5 号、黔白 9 号、金盾、寒峰、绿抗 1019、宝丰 665 等，用大棚或大棚加小拱棚育苗，在 2 月中旬播种，确保大白菜正常结球。

其他如贵州西南部大部、东南部边缘的低海拔地区，如安龙东部、兴义中部、普安南部等乡镇，1 月平均气温为 7.0 ~ 9.0 ℃，适宜在 1 月上旬至 2 月中旬播种，兴义西北、安龙东部边缘等用黔白 5 号、黔白 9 号小拱棚育苗；中西部、南部中低海拔地区，如普定、西秀、惠水、独山、平塘、三都等的部分乡镇，1 月平均气温为 5.0 ~ 7.0 ℃，适宜在 2 月播种，仍需要大棚加小拱棚青苗；中部、东部、北部，如播州、福泉、黄平、三穗、湄潭等，1 月平均气温为 3.5 ~ 5.0 ℃，适宜在 2 月中旬播种，避开 1 月低温时段，预防先期抽薹。

西部、中部、东北部大部中海拔、高海拔地区，如瓮安、开阳、习水、七星关等，1 月平均气温为 1.7 ~ 3.5 ℃，冬季低温时间长，春季回温较南部地区晚、大部分地区在 3 月后温度逐步稳定回升；西部高海拔地区，如威宁、赫章、六盘水等，1 月平均气温在 1.7 ℃ 以下，冬季温度较低，入春偏晚，适宜在 3 月播种，避开 1—2 月温度不稳定时段，预防先期抽薹。

## 2. 品种选择

特耐抽薹的黔白 5 号、黔白 9 号、金盾、寒峰、绿抗 1019、宝丰 665 等冬性强品种，尤其适合春夏错季栽培。

## 3. 苗期管理

大白菜在萌动的种子状态时就可感受低温而通过春化阶段，育苗期间应特别注意温度的控制与管理。春夏大白菜播种育苗期正处于冬春低温季节，贵州初春时节倒春寒较严重，应注意防寒保温，要严格按照白菜生理特点控制条件，出苗期棚内温度应保持在 13 ℃以上；出苗前期保持床土湿润状态，中后期床土可适当干一些，或进行干湿交替管理以促进幼苗根系生长发育，齐苗后中午注意通风炼苗。炼苗程度以通风时叶片不萎蔫为宜，定植前 7 天左右锻炼幼苗，可以在 10 ℃左右温度下短时间锻炼，以适应棚外温度环境。炼苗不仅有利于定植后快速成活，而且对延迟春化阶段的完成很有益。苗期重点防治猝倒病及蚜虫、黄条跳甲等病虫害。

（二）整地定植

## 1. 地块选择

大白菜对土壤的适应性较强，但以肥沃、疏松、保水、保肥、透气的沙土、壤土和轻黏土为宜。在种植前彻底清除田间杂草和前茬作物残体，将土壤深翻 25 cm，暴晒土壤，既能杀死其中的病菌、虫害，又能使土质疏松，对农作物根系生长发育可起到很好的作用。

选择地势平坦、肥沃、疏松、排灌良好的中性土壤，在定植前清洁田园，深翻碎土，每亩均匀施入 3500 kg 左右的腐熟农家肥和 50 kg 复合肥，然后开厢做畦。每亩施腐熟农家肥 1000 kg、50 kg 复合肥作基肥，然后翻地做成宽畦。畦宽（包含沟）1.5 ~ 1.8 m、高 10 ~ 15 cm（水稻田种植的地块适宜开高厢），以利于排水，减少病害发生。稻田栽培以高畦窄厢为宜。禁用城市垃圾污泥栽培，1 m 的厢宽栽 3 行或 1.3 m 的厢宽栽 4 行；旱地栽培 1.7 m 的厢宽栽 5 行。春夏大白菜多为早熟或中早熟品种，生育期较短。

## 2. 定植

长出 5 ~ 6 片真叶时即可定植，然后盖厚 1 ~ 2 cm 的细土，苗期如遇干旱要及时浇水，先用大苗和壮苗，若缺苗应及时补种或补栽。早春可以密植，株行距 25 cm×25 cm（1.2 m 厚的薄膜，两边覆土后栽 2 行，中间再错窝栽 1 行），播种后轻轻覆盖土壤，将土壤用小锄头稍微压实，并浇足定根水。栽植深度因气候、土质而异：早秋宜浅栽，防止因深栽烂心；土质较松时，栽植可稍深，而黏重土壤宜浅栽；每亩种 4500 ~ 5000 株。及时补苗、间苗，保持密度合理。及时追肥、浇水。

贵州早春夏大白菜套种，经济效益比较显著，可以与果类、瓜类、豆类等蔬菜套种。

（三）田间管理

大白菜生长期，要在施足基肥的基础上，结合浇水合理追肥。在整个生长期都需要大量的氮肥；结球期钾肥应占主导地位；生长中后期配合磷肥、钾肥，有提高抗病力、改善品质的功效。直播定苗或移栽定植成活后，施1次腐熟的清粪水提苗。莲座期大白菜生长迅速，每担（1担=50 kg）腐熟清粪水中加入100 g尿素追施，使营养体生长良好，适当追施磷肥、钾肥。进入结球期后，视植株长势可追施1～2次人粪尿加复合肥或尿素，适当增施磷肥、钾肥。在整个生长期，每亩施纯氮不能超过18 kg（折合尿素39 kg），采收前20天禁止叶面喷施氮肥。施足基肥的地块，在蔬菜生长旺盛期适当追施氮肥，后期可叶面喷施磷酸二氢钾和氨基酸叶面肥。

浇水应勤浇浅浇，以保持土壤湿润为度，采收前1周停止浇水。施肥浇水宜在傍晚进行。夏季大雨较多时，在大雨过后，要注意排水，一旦排水不畅，渍水多，将促发病害。另外，还须防止暴雨淹苗，故暴雨过后要及时中耕松土。

### （四）采收

叶球长成后要及时采收。春季大白菜如幼苗整齐、管理得当，采收期比较集中，但进入采收期后易发生软腐病、白斑病、黑斑病、霜霉病等，所以在叶球有80%左右坚实后，应根据市场情况及时采收。采收不及时容易发生软腐病，也会因成熟过度而裂球，影响食用价值和经济效益。采收前不得使用粪肥作追肥，严格执行农药安全间隔期。采收后削去根部，适度除去没有食用价值的外叶。不能用工业、生活废水及被污染的水源洗菜。远途运输产品应于傍晚或清晨采收，待降温后于下半夜装车运输；或置于冷库，先预冷处理再装车运输。

## 五、病虫害防治

### （一）主要虫害防治

主要虫害有蚜虫、菜螟、菜青虫、黄条跳甲、蛴螬等。可用广谱杀虫剂——高效氯氰菊酯防治蚜虫、菜青虫等。

#### 1. 蚜虫

主要为萝卜蚜，属同翅目蚜科。危害白菜、萝卜、甘蓝、芥菜等十字花科蔬菜。

危害特征：成虫和若虫在白菜叶背上刺吸汁液，造成叶片卷缩变形，植株生长不良，影响包心或结球，同时可传播病毒病。

防治方法：选用10%吡虫啉可湿性粉剂1500倍液、20%甲氰菊酯乳油2000倍液、50%抗蚜威可湿性粉剂1500倍液、2.5%三氟氯氰菊酯乳油2500～3000倍液、20%氰戊菊酯乳油2000倍液、21%啶虫脒可溶液剂2500倍液等交叉防治。

#### 2. 菜螟

菜螟属鳞翅目螟蛾，俗称吃心虫、钻心虫等。危害甘蓝、白菜、萝卜、芜菁、榨菜等蔬菜作物。

危害特征：幼虫钻蛀蔬菜幼苗心叶和叶片，幼苗因生长点被破坏而停止生长甚至萎蔫死亡，造成缺苗断垄。大白菜受害则不能结球、包心，并传播软腐病，导致减产。

防治方法：在成虫盛发期和幼虫孵化期，可选用 1.8% 阿维菌素乳油 4000 倍液、5.7% 氟氯氰菊酯乳油 1000 ~ 2000 倍液、1.5% 阿维·苏云菌可湿性粉剂 35 ~ 50 g/ 亩兑水 50 L、55% 特杀螟可湿性粉剂 50 g/ 亩、8000 IU/mg 苏云金杆菌可湿性粉剂 600 倍液、25% 灭幼脲三号悬浮剂 800 倍液等防治。以上药剂注意交替使用。

### 3. 菜青虫

菜青虫属鳞翅目粉蝶科，成虫称菜白蝶、菜粉蝶，幼虫称菜青虫。危害甘蓝、白菜、花椰菜、萝卜等十字花科蔬菜，尤其偏嗜叶表光滑无毛的甘蓝和花椰菜。

危害特征：危害叶片，2 龄前啃食叶肉，留下 1 层透明的表皮；3 龄后蚕食整个叶片，轻则虫卵累累，重则仅剩叶脉，影响植株生长包心，造成减产，还能导致软腐病。

防治方法：发生初期，可选用 1.8% 阿维菌素乳油 4000 倍液、5% 氟虫腈悬浮剂 1500 倍液、5.7% 氟氯氰菊酯乳油 1000 ~ 2000 倍液、20% 氯氰菊酯乳油 2000 倍液、1.5% 阿维·苏云菌可湿性粉剂 35 ~ 50 g/ 亩兑水 50 L、20% 氰戊菊酯乳油 3000 ~ 5000 倍液、20% 抑食肼可湿性粉剂 1000 倍液等交替防治。

### 4. 黄条跳甲

黄条跳甲属鞘翅目叶甲科，别名土跳蚤、菜蚤子。

危害特征：成虫食叶，严重时被危害叶片出现无数的孔洞。刚出土的幼苗子叶被吃后，整株死亡，造成缺苗断垄。幼虫蛀食根皮，咬断须根，使植株萎蔫枯死，并传播软腐病。

防治方法：在成虫始盛期，选用 48% 乐斯本乳油 1000 倍液、2.5% 氯氟氰菊酯乳油 2000 倍液、10% 的高效氯氰菊酯乳油 2000 倍液、2.5% 溴氰菊酯乳油 2000 ~ 4000 倍液、20% 氰戊菊酯乳油 2000 倍液等防治。

### 5. 蛴螬

蛴螬是金龟子类幼虫的总称，属鞘翅目鳃金龟科，别名白地蚕、土白蚕。主要危害白菜、甘蓝等十字花科作物，以及豆科、茄科等作物。

危害特征：幼虫啃食为害各种蔬菜苗根，可使蔬菜幼苗致死，造成缺苗断垄；成虫仅取食作物叶片。

防治方法：①深秋或冬前适时翻耕土地，杀灭越冬幼虫。在栽培条件许可的情况下，进行水旱轮作或适时灌水以杀灭幼虫。②诱杀成虫。可在成虫发生期用黑光灯诱杀。③在幼虫盛发期，选用 48% 乐斯本乳油 1000 倍液、90% 敌百虫 800 倍液等灌根，每株灌药液 150 ~ 250 mL。

### （二）主要病害防治

主要病害有软腐病、霜霉病、病毒病、白斑病、黑斑病、根肿病等。用中生菌素或春雷菌素防治细菌性病害，如软腐病等；用甲霜灵·锰锌防治真菌性病害，如霜霉病等；用吡唑醚菌酯防治真菌性病害，如子囊菌、担子菌、半知菌，以及由卵菌纲真菌引起的叶枯病、锈病、白粉病、霜霉病、疫病、炭疽病、疮痂病、褐斑病、立枯病等多种病害；用烯酰吗啉防治真菌性病害，如霜霉病、白粉病、猝倒病等。

## 1. 软腐病

病原为胡萝卜软腐欧文氏菌，属细菌。

症状：该病从莲座期到采收期前后均可发生，病株外叶叶缘和叶柄呈褐色水浸状软腐，有黏液及臭味。腐烂的病叶在高温、干燥条件下，失水变干，呈薄纸状，紧贴叶球，有的外叶平贴地面，使叶球外露呈脱帮状。根部感病组织溃烂，伴有灰褐色黏稠状物流出，散发恶臭味。

发病条件：病菌通过雨水、灌溉水、带菌肥料、昆虫等传播，从植株伤口侵入。本菌生长发育的最适温度为 25 ～ 30 ℃，在 pH 值为 5.3 ～ 9.2 时均可生长，pH 值为 7.2 时最适宜生长。地表积水、土壤缺氧、连作地或低洼地发病重。

防治方法：发病初期，选用 2% 春雷霉素液剂 400 ～ 500 倍液、20% 噻菌铜悬浮剂 500 倍液、58.3% 氢氧化铜干悬浮剂 1000 倍液、72% 农用硫酸链霉素可湿性粉剂 3000 倍液、新植霉素（1000 万单位）4000 倍液、50% 代森铵水剂 600 ～ 800 倍液等防治。以上药剂交替使用，隔 7 ～ 10 天喷 1 次，连续喷 2 ～ 3 次。

## 2. 霜霉病

病原为寄生霜霉，属真菌。

症状：主要危害叶片，病发时叶面出现淡绿色病斑，逐渐扩大为黄褐色，病斑因受叶脉限制而呈不规则形或多角形，湿度大时叶背病部产生白色霜状霉层。严重时，叶片呈黄褐色干枯状。该病病菌可附着在种子、病残体或土壤中，借雨水或气流传播。发病最适温度为 14 ～ 20 ℃，空气相对湿度在 90% 以上。

防治方法：发病初期，选用 69% 安克锰锌可湿性粉剂 1000 倍液、40% 乙膦铝可湿性粉剂 400 倍液、58% 甲霜灵·锰锌可湿性粉剂 500 倍液、72% 霜脲·锰锌可湿性粉剂 600 倍液、72.2% 霜霉威水剂 600 倍液、25% 甲霜灵可湿性粉剂 600 ～ 800 倍液等防治。以上药剂交替使用，隔 7 ～ 10 天喷 1 次，连续喷 2 ～ 3 次。喷施必须细致周到，特别是老叶背面。

## 3. 病毒病

主要是芜菁花叶病毒、黄瓜花叶病毒、烟草花叶病毒。

症状：病叶皱缩，质硬而脆，叶背主脉上生褐色、稍凹陷的坏死条斑，有的新叶叶脉失绿，有的呈现黄绿相间的斑驳或花叶。植株矮化、畸形，结球松散，有的甚至不结球。该病主要通过蚜虫传播或接触传播。高温干旱（温度 15 ～ 20 ℃，空气相对湿度在 75% 以下）时根系生长发育受抑，地上部生长不良，寄主抗病力下降，易发病。毒源或蚜多、菜地管理粗放、地势低洼、通风不良或土壤干燥、缺水、缺肥时发病重。

防治方法：首先要认真防治蚜虫及减少人为接触传播，同时选用抗病品种，加强肥水管理，培育壮株，增强抗病能力。在发病初期，选用 20% 病毒 A 可湿性粉剂 600 倍液、1.5% 植病灵 1000 倍液、3.85% 三氮唑·铜锌水剂 500 倍液、24% 混脂·硫酸铜水剂 800 倍液、20% 吗啉胍·乙铜可湿性粉剂 500 倍液、2% 宁南霉素水剂 500 倍液、5% 菌毒清水剂 400 倍液等防治，隔 7 ～ 10 天喷洒 1 次，连续喷洒 2 ～ 3 次。

### 4. 白斑病

病原为芥假小尾孢,属半知菌类真菌。

症状:病叶初生灰褐色的近圆形小斑,后扩大为浅灰色至白色、近圆形或不定形的病斑。湿度大时,斑面产生暗灰色霉状物,病斑变薄、稍近透明,易破裂穿孔,似火烤状。严重时病斑连合成片,整片叶干枯,终致全田一片枯黄。该病病原菌主要附着在地表的病叶或黏附在种子上越冬,次年借雨水飞溅或气流传播,从气孔侵入。病菌喜低温高湿,最适温度为 11 ~ 23 ℃,空气相对湿度在 80% 以上。

防治方法:发病初期,选用 70% 代森锰锌可湿性粉剂 400 ~ 500 倍液、64% 恶霜灵·锰锌可湿性粉剂 500 倍液、75% 百菌清可湿性粉剂 500 ~ 600 倍液、40% 多·硫悬浮剂 600 倍液、66% 甲硫·乙霉威可湿性粉剂 1000 倍液、70% 甲基托布津可湿性粉剂 800 ~ 1000 倍液等防治。隔 7 ~ 10 天喷 1 次,连续喷 2 ~ 3 次。

### 5. 黑斑病

病原为芸薹链格孢,属半知菌类真菌。

症状:叶片染病多从外叶开始,呈淡绿色至暗褐色的圆形斑,且有明显的同心轮纹,周缘有黄色晕圈。湿度大时,病斑上生出黑色霉状物。在干燥条件下,发病部位易穿孔,严重时病斑汇合成大的斑块,致整叶枯死,全株叶片由外向内干枯。“菜帮”病斑呈长梭形暗褐色凹陷,具轮纹。该病原菌附着在病残体或种子上,借气流传播蔓延。病菌喜温暖湿润的环境,发病最适温度为 17 ~ 20 ℃,空气相对湿度在 80% 以上,pH 值为 6.6。

防治方法:同上述“白斑病”。

### 6. 根肿病

病原为鞭毛菌亚门芸薹根肿菌,属真菌。

症状:大白菜根肿病是一种土传病害,主要危害白菜主根或侧根,苗期至成株皆可受害,主要表现为植株生长迟缓,矮化,叶色浅,前期外叶常在中午萎蔫,晚上恢复,后期外叶萎蔫、发黄、枯萎,重则全株枯死。发病后在主根或侧根上形成不规则、大小不等的肿瘤,侧根上的瘤多为手指状,须根上的瘤往往串生在一起,多达几十个,主根上肿瘤大而少。连作、地势低洼、土壤酸化的地块更为严重。

防治方法:发现零星病株及时拔出,病穴撒施生石灰消毒;发病田定植后,用 25% 甲霜灵或 58% 甲霜灵·锰锌 500 倍液灌根,隔 10 天灌 1 次,连续灌 2 ~ 3 次;或选用 40% 五氯硝基苯可溶性粉剂 500 倍液、50% 甲基托布津 500 倍液灌根,每株灌药液 0.5 L;或每亩用“40% 五氯硝基苯 2 ~ 3 kg+3% 米乐尔颗粒剂 1 kg+ 拌 40 ~ 50 kg 细土”配制成药土,撒于种穴后播种或撒于定植穴后再定植。在发病严重地区,播种后用药土作覆盖土,效果较好。

# 第二节　结球甘蓝春夏错季栽培技术

结球甘蓝通常称为甘蓝，别名莲花白、圆白菜、洋白菜、包心菜、卷心菜等。结球甘蓝深受人们喜爱，是我国的主要蔬菜之一，也是甘蓝类蔬菜中种植规模最大的蔬菜，每年种植面积达 40 万 hm²。结球甘蓝含有丰富的维生素、叶酸、胡萝卜素等成分，具有较高的营养价值。

## 一、主要特征特性

结球甘蓝根多但浅，大部分根分布在 0 ~ 30 cm 深的土层中，主根肥大，侧根较多，在主根和侧根上又长出许多须根。结球甘蓝的根吸水、吸肥能力强，抗旱、耐湿、再生能力也强，易长出新根，所以在栽培上多采用育苗移栽。

结球甘蓝的茎在营养生长期为短缩茎，且有内外之分，外短缩茎着生莲座叶，内短缩茎也叫中心柱，着生球叶，一般内短缩茎越短，叶片着生越密，包球越紧实。短缩茎的长短与品种类型、环境条件和栽培管理技术有关。一般牛心品种比平头品种的短缩茎要长；在苗期，如环境温度较高、氮肥施用过多、水分充足，容易引起幼苗徒长，外短缩茎伸长；包心期温度超过 25 ℃时，内短缩茎伸长。植株通过低温春化后，在长日照条件下，甘蓝进入生殖生长期，短缩茎伸长，抽薹、开花、结籽。所以，在春夏甘蓝的栽培及早春播种时，应防止植株未熟抽薹现象的发生，以免造成生产上的严重损失（夏秋季节当年播种即可完成栽培周期）。

结球甘蓝的叶片主要分为子叶、基生叶、幼苗叶、莲座叶和球叶。子叶呈肾形；基生叶很小，有叶柄，呈瓢形；随后生长的幼苗叶逐渐加大，呈卵圆形或圆形，有较长的叶柄，当长出 5 ~ 8 片叶时就完成幼苗阶段，通常叫"团棵"，植株可以进行定植；进入莲座期，发生的叶片也越加宽大，叶柄逐渐变短，以至叶缘直达叶柄的基部，而形成无柄叶，叶片向外开张生长，形成强大的叶簇，这些都是外叶，一般称为莲座叶；当莲座叶生长到 16 ~ 24 片时（早熟品种 16 片，晚熟品种 24 片）进入包心期，再发生出来的叶片就不向外开张生长，而是包被顶芽，顶芽继续分生新叶，包被顶芽的叶子也随着顶芽继续生长加大，从开始包心至叶球形成，一般通过 25 ~ 35 天的生长，就能形成紧密充实的叶球。叶球有长圆、牛心、圆形、扁圆等形状。甘蓝叶片的颜色有深绿、绿、灰绿，少数品种紫色，叶面光滑或微皱缩，叶肉肥厚，叶面有粉状蜡质。

结球甘蓝的侧芽在营养生长期通常不活动，但在顶芽受伤后，也能促进侧芽萌发生长。所以，在栽培过程中应做好顶芽的保护。

结球甘蓝的花为总状花序，异花授粉植物，果实为长角果，内含多粒种子，种子细小，近圆形，褐色或黑褐色，千粒重 3.5 ~ 5.0 g。

## 二、对环境条件的要求

温度：结球甘蓝为耐寒蔬菜，喜温和冷凉的气候条件，不耐炎热，生长适宜温度为

15 ～ 25 ℃，但在各生长时期又有所不同。种子在 2 ～ 3 ℃开始发芽，发芽出土温度要求在 8 ℃以上，温度升高，发芽加快，以 18 ～ 25 ℃发芽最快；幼苗期抗性强，健壮的幼苗能耐 -3 ～ 5 ℃，暂时性低温能耐 -10 ～ 12 ℃，也能忍耐 30 ℃左右的高温，但 30 ℃以上易出现"高脚苗"；外叶生长适宜温度为 20 ～ 25 ℃；进入结球期后，以 15 ～ 20 ℃为宜，适应的温度范围为 7 ～ 25 ℃，叶球能耐 -6 ～ 8 ℃，生长临界低温为 5 ℃。如遇高温干旱，会使叶球松散，降低产量和品质，甚至使叶球散开，达不到包心的目的。

湿度：结球甘蓝的叶面积很大，蒸腾作用旺盛，耗水量多，要求较高的湿度，在空气相对湿度 80 ～ 90% 和土壤湿度 70 ～ 80% 的条件下，生长和结球最好。甘蓝对土壤湿度的要求比较严格，只要能保证土壤湿度，即使空气相对湿度较低也能生长良好，当土壤水分不足时，则结球期延后，叶球小，结球松散，茎部叶片脱落，严重时不能结球，因此充足的水分是甘蓝丰产的一个重要条件。结球甘蓝不耐干旱，遇到天旱时要及时浇水。甘蓝亦不耐涝，土壤水分过多，根系生长不良，还易引发软腐病和霜霉病。

光照：由于结球甘蓝是长日照作物，是喜光的蔬菜，晴朗天气有利于甘蓝的生长。若遇光照不足，苗期幼苗茎部容易伸长，形成高脚苗，莲座期则表现为基部叶萎黄，过早脱落，新叶继续向外开展生长，结球延迟。在结球期要求日照较短和光强较弱，所以一般在春季、秋季结球比在夏季、冬季结球好。

土壤营养：结球甘蓝对土壤的适应性强，但以富含有机质、通透性好、土层深厚、中性或微酸性的砂壤土、壤土为最好。结球甘蓝是喜肥和耐肥的作物，其吸收量比一般蔬菜的多，在幼苗期和莲座期需要氮肥多，结球期需要磷、钾肥多，其比例是氮∶磷∶钾 =3∶1∶4。如氮肥多，而配合的磷肥、钾肥适当，则净菜率高。结球甘蓝能耐盐碱性土壤，在含盐量 0.75% ～ 1.20% 的情况下，能正常结球。

## 三、类型及品种

### （一）类型

根据结球甘蓝叶球的形状可分为扁圆型（或平头型）、圆球型（或圆头型）、尖头型三大类（附图中图 10 至图 12）。

### （二）品种

为了能提早市场供应，又避免发生早期抽薹现象，应选择冬性强、早熟、高产、抗病品种，如黔甘 1 号、黔甘 2 号、黔甘 6 号、中甘 21 号、铁头 3 号、亚洲快速、天娇 505、韩国心生等都是较为适宜的品种。

### 1. 黔甘 1 号

贵州省农业科学院园艺研究所选育的春夏甘蓝品种，冬性强，露地越冬栽培不易未熟抽薹。亩产 4000 ～ 5000 kg。株高约 34 cm，开展度 66.3 cm。外叶 12 ～ 15 片，灰绿色，叶面平滑，蜡粉多。叶球扁圆形，平顶，结球紧实，平均单球重 2 kg。叶质细嫩、脆、甜，品质优，含糖量 3.9% 以上。适合在贵州及相似山区作春夏甘蓝栽培，亦可作秋冬甘蓝栽培。

## 2. 黔甘 2 号

属强冬性春夏甘蓝杂交一代种，先期抽薹率接近为零。平均亩产 3500 ~ 4500 kg。植株较矮小，适当密植可增加单位面积产量。株高约 30 cm，开展度 60 cm。外叶较少，12 ~ 14 片，绿色，叶面较平滑，蜡粉较多。叶球扁圆形、平顶，包心紧实，结球整齐，单球重 1.5 kg。叶质嫩脆、味甜。宜作春夏甘蓝栽培。

## 3. 黔甘 6 号

贵州省农业科学院园艺研究所选育的早熟、丰产、耐热的夏秋甘蓝新品种。外叶深绿色，叶面平滑，蜡粉多。叶球扁圆形，平顶，结球紧实，单球重 1.5 ~ 2.5 kg，亩产 4500 ~ 5500 kg。叶质甜嫩，品质好，抗逆性强。适宜夏季、秋季、冬季栽培。

## 4. 中甘 21 号

中国农业科学院蔬菜花卉研究所最新育成的早熟春夏甘蓝一代杂种，植株开展度约 52 cm，外叶约 15 片，叶色绿，叶面蜡粉少，叶球紧实，叶球圆球形，外观美观，叶质脆嫩，品质优，球内中心柱长约 6.0 cm，定植到收获约 50 天，单球重 1.0 ~ 1.5 kg，亩产约 3800 kg。抗逆性强，耐裂球，不易未熟抽薹。

## 5. 铁头 3 号

定植后 60 ~ 65 天可以收获，球重 1.8 ~ 2.5 kg，球色浓绿，近圆球形，耐裂球，耐存放、耐运输。抗病性强，对黑腐病、根腐病有一定的抗性。

## 6. 亚洲快速

韩国进口品种。株型小，球色为绿色，球重 1.3 ~ 1.5 kg，圆球形，过晚采收可能会发生裂球，要注意适期采收。

## 7. 天娇 505

北京捷利亚种业有限公司选育的品种。叶球圆球形，整齐度高，结球紧实，品质好。叶球青绿色，光泽度好，单球重 1.2 ~ 1.5 kg。

## 8. 韩国心生

早熟品种。株型紧凑，可适当密植，定植后 50 ~ 55 天收获。牛心形，紧实，球色鲜绿，有光泽，单球重 0.9 ~ 1.4 kg。包球速度快，内部结构优秀，质量好。抗病性、耐寒性好，抽薹稳定。适宜春季、秋季露地栽培。

# 四、栽培技术

## （一）播种育苗

### 1. 播种期

一般春夏结球甘蓝播种越早，越冬的植株生长发育越快，早期的抽薹率就会越高。为防止形成大苗越冬，必须严格控制播种期。在贵州的中部温和地区，一般应掌握在 10 月 20 日前后播种，暖热（低热）地区于 11 月中旬播种，温凉地区 10 月上旬播种，一般次年 3—6 月收获。为了尽可能提早供应市场，对于冬性特强而早熟的尖头型品种可适当提早 10 天左右播种。贵州采用露地育苗，一般忌 9 月播种。

### 2. 苗期管理

播种前选择肥沃疏松的地块作苗床，整细耙平。苗床土的配方：6 份田土 + 4 份腐熟的农家肥，每立方米营养土加入 1 kg 复合肥、80 g 多菌灵、100 g 辛硫磷，拌匀。然后进行床土消毒。畦宽 1.2 m，长度不限。播种前浇透苗床，播种后覆膜保湿，保证出苗，秧苗出土后适当控制浇水，防止徒长。若冬季温暖，为防止秧苗生长过快，发生早期抽薹，除了控制肥水施用外，可采取假植的方法进行蹲苗，使生长缓慢，把幼苗控制在感受春化的生理苗龄以下，形成安全苗龄。期间进行间苗，将生长过密的拔掉，使苗与苗之间的距离为 5 ~ 6 cm，增大营养面积。定植前 5 ~ 7 天对苗子进行低温锻炼。

## （二）整地定植

春夏结球甘蓝的生长时间较长，头年定植后，要到次年春夏季才能采收，要经历不同的冷热雨旱季节，所以整地最好以深沟高厢的形式，2.2 m 开厢种 4 行，有利于排水、光照及田间操作管理。重施基肥，每亩施农家肥 2500 ~ 3000 kg、复合肥 30 ~ 50 kg、过磷酸钙 30 kg。采用窝施，与土壤充分混匀后即可栽植。

春夏甘蓝一般在播种后 50 天左右即可定植。若定植过早，加快秧苗生长，容易形成大苗通过春化抽薹；定植过晚，气温过低，秧苗成活生长不良，影响早熟和产量。此外，还要结合品种的冬性和熟性整体考虑，不可一概而论。结球甘蓝壮苗标准是苗高 12 ~ 15 cm，节间短，有 6 ~ 8 片叶，叶片厚、色深，茎粗不超过 0.5 cm。

## （三）田间管理

春夏结球甘蓝定植后，一般采取"冬控春促"的管理原则，即春前控制少施肥水，尤其是氮肥，防止秧苗生长过大，提前抽薹开花；等到开春以后气温逐渐回升，增施肥水以促进生长。浇水一般结合追肥进行，使用腐熟的粪水每隔 5 ~ 7 天追 1 次，先淡后浓，每担粪水中加入 100 g 尿素、复合肥进行追施，同时用 0.2% 硼砂溶液叶面喷施 1 ~ 2 次，促进叶簇膨大。一般在定植后、莲座期、结球初期、结球中期共追肥 4 ~ 5 次。进入莲座期后植株生长势逐渐增强，叶面积增多，肥水需求量逐渐增大，应及时追肥，肥料浓度相应增大，每次施用量应逐渐增多，以促进结球，争取早熟丰产。结球前期和中期，每次每亩追施硫酸铵 10 kg、硫酸钾 10 kg，同时用 0.2% 磷酸二氢钾液叶面喷施 2 次，促进包心。收获前 30 天停止追施速效氮肥。采收前 7 天停止浇水，防止裂球。

结球甘蓝以结球紧实而未裂球（即产量最高）时为适收期，但依市场情况，可提早采收，售卖高价。采收过晚易造成裂球、抽薹或引起腐烂，影响商品性和产量。在贵州中部温和地区，4 月中旬以后春夏甘蓝可陆续采收供应市场，暖热地区 3 月上中旬即可采收，可一直采收供应到 6 月以后。

收获结球甘蓝时，先用刀切取叶球反置田间，使切口向上，待切口风干后再除去外叶包装。采收前 10 天停止浇水，采收前 1 个月内禁止叶面喷施氮肥。要严格按照农药安全间隔期的规定执行。采收后除去老叶、黄叶和多余的茎叶，进行分级包装。

## 五、病虫害防治

### （一）主要虫害防治

虫害主要有菜青虫、小菜蛾、黄条跳甲、蚜虫、蓟马潜叶蝇等。可选用 80 亿孢子 /mL 金龟子绿僵菌可分散油悬浮剂、20 亿 PIB[①]/mL 甘蓝夜蛾核型多角体病毒悬浮剂、400 亿孢子 /g 球孢白僵菌水分散粒剂、50% 氟啶虫胺腈水分散粒剂、30% 噻虫嗪悬浮剂、20% 氟啶虫酰胺悬浮剂、0.5% 噻虫嗪颗粒剂、35% 氯虫苯甲酰胺水分散粒剂、25% 甲维·茚虫威水分散粒剂、25% 乙基多杀菌素水分散粒剂等防治。以上药剂交替使用，隔 7 ~ 10 天喷 1 次，连续喷 2 ~ 3 次。

### （二）主要病害防治

**1. 真菌性病害**

霜霉病、白斑病、叶斑病、灰霉病、菌核病等，选用 10 亿孢子 /g 枯草芽孢杆菌可湿性粉剂、10% 多抗霉素可湿性粉剂、75% 肟菌酯·戊唑醇水分散粒剂、30% 甲霜·恶霉灵水剂、722 g/L 霜霉威盐酸盐水剂、40% 烯酰·氰霜唑悬浮剂、430 g/L 戊唑醇悬浮剂、70% 代森联·氟吡菌胺水分散粒剂、37% 氟吡菌胺·烯酰吗啉悬浮剂、250 g/L 嘧菌酯悬浮剂、35% 氰霜唑·肟菌酯悬浮剂、0.02% 戊唑醇颗粒剂、40% 啶酰菌胺·硫黄悬浮剂等。以上药剂交替使用，隔 7 ~ 10 天喷 1 次，连续喷 2 ~ 3 次。

**2. 病毒病**

选用 1% 氨基寡糖素可溶液剂、1% 香菇多糖水剂、0.06% 甾烯醇微乳剂等防治。隔 7 ~ 10 天喷 1 次，连续喷 2 ~ 3 次。

---

① PIB：多角体（polyhedral inclusion body）的英文简写，该名词多用在生物、农药领域。

### 3. 细菌性病害

有软腐病、黑腐病、细菌性角斑病等，选用 3% 噻霉酮水分散粒剂、40% 春雷·喹啉铜悬浮剂、3% 中生菌素可溶液剂、4% 春雷霉素水剂等防治。隔 7 ~ 10 天喷 1 次，连续喷 2 ~ 3 次。

# 第三节 花椰菜春夏错季栽培技术

花椰菜又名花菜、菜花等，是十字花科芸薹属甘蓝种中以花球为产品的一个变种，食用部分是花薹、花枝、花蕾短缩成的花球，以其花球肥嫩、味甘鲜美、营养价值高、保健作用强而倍受大家喜爱。在欧美，花椰菜素有"抗癌医生"的美誉。又因花椰菜具抗逆性强、耐盐碱、喜冷凉、容易栽培、产量稳定、生产成本低、经济效益较高等特性，而适合大规模栽培。

## 一、主要特征特性

花椰菜的生长周期可分为发芽期、幼苗期、莲座期、花球生长期、抽薹期、开花期和结实期。

花椰菜根系较发达，但分布较浅，主要密集在 20 ~ 40 cm 的耕作层，对肥水要求较高。主根移栽被切断后，侧根呈网状，再生能力强，所以移栽易成活。

茎在营养生长期退化为短缩茎。随着叶片增加，节间伸长，一般可达 20 ~ 25 cm，自下而上加粗，基部木质化。白花菜少数品种茎上侧芽可萌生非商品性的小花球，应尽早抹除。青花菜主花球收获后，侧花球尚有一定的利用价值。

花菜的叶片狭长，呈梭形、长椭圆形或披针形。在营养生长期有叶柄且裂叶，具蜡粉，叶面皱褶，青花菜缺刻更深且呈波浪状。叶片有外叶和内叶之分。外叶有叶柄，一般 20 ~ 30 片，自外向内逐渐增大，是供给花球生长发育的主要营养器官，又称功能叶。由于基部叶片自然脱落和人为摘除，功能叶至少应保持 12 ~ 13 片。内叶无叶柄，包裹花球，自外而内逐渐缩小。内叶的大小及能否包裹花球，与花菜品质关系密切。

花球是花菜的产品器官，为复总状花序，根据花球的颜色分为白花菜和青花菜。白花菜的花球由肥大的花茎、很多肉质花梗和绒球状的花枝顶端组成；青花菜的花球由短缩的肉质花茎、小花梗和密集的花蕾组成。在适宜的温度条件下，青花菜的花球很快松散老化，进入生殖生长期，抽生花枝，开花结籽；而白花菜的花球松散老化较慢，其绒球状的顶端花枝须继续分化花芽，花球才松散解体，其中只有少数花梗伸长，花芽能开花结籽。

花菜从种子发芽到子叶展开、露出真叶为发芽期，需要 5 ~ 7 天。从显露真叶到第一叶序的外叶展开、形成"团棵"为幼苗期，一般需要 20 ~ 30 天，此时 15 ~ 20 ℃的温度有利于培育壮苗。从"团棵"后第二、三环外叶展开到花球出现为莲座期，一般需要 25 ~ 45 天(因品种而异)，其间形成强大的莲座外叶，后期顶芽进行花芽分化。从花球出现到花球成熟采收为结球期，需要 25 ~ 35 天。莲座期至结球前期是植株生长最旺盛的时期，应充分满足肥水供应。

一般从定植到采收，早熟品种需要 40 ~ 70 天，中熟品种需要 80 ~ 90 天，晚熟品种需要 100 ~ 120 天。

## 二、对环境条件的要求

温度：花椰菜的耐寒性和耐热性都比结球甘蓝的弱，它喜冷凉的气候条件，忌高温干燥。幼苗能耐 0 ℃和 25 ℃左右的温度，苗期生长适温 15 ~ 25 ℃；莲座期生长适温 15 ~ 20 ℃，叶片在 -1 ~ 2 ℃下受冻。花球生长期生长适温 8 ~ 20 ℃，以 13 ~ 18 ℃为最好，8 ℃以下生长缓慢，低于 1 ℃花球冻烂，20 ℃以上花球易松散，少数品种可在 20 ℃以上温度形成花球。

花球膨大所需的温度与通过春化阶段要求的温度不同，通常中晚熟品种冬性较强，在较低温度下通过春化阶段，花球可在较高温度下发育肥大，这类品种适合春季栽培。

光照：花菜属低温长日照作物，日照长短的影响不如低温的影响明显，充足的光照有利于花菜植株的生长，但花球在阳光直射下颜色容易变黄，品质降低，因此花球形成期如遇强烈日晒，应设法给花球遮阴。

水分：花菜根系较浅，耐旱、耐涝能力差，对土壤含水量要求严格。栽培上要求高厢栽植，注意排水，天干少雨季节须合理灌水。营养生长和花球形成都需要充足的水分。如土壤含水量过多会影响根的生长，花球也易发病霉烂，严重时引起植株凋萎；如土壤过干，植株生长不良，而且影响花球的形成、品质和产量，表现为花球提前形成，球小、品质差。

养分：花椰菜植株高大，是既需肥又耐肥的蔬菜，在生育过程中对矿质营养要求较高，其吸收氮、磷、钾的比例为 3.1 : 1.0 : 2.8。营养生长期需要大量的氮肥，花球形成期增施磷肥、钾肥有利于花球形成和发育，对提高品质和产量有显著效果。缺钾时花球易发生黑心现象。硼素不足，茎基部开裂，严重时花球呈绣褐色，产品带苦味。缺钼时，植株矮化，叶片细长、呈鞭状，稍扭转。

土壤：花椰菜需要土层深厚、疏松肥沃、富含有机质、排水良好、保水力强的砂壤土。pH 值适宜范围为 5.8 ~ 8.0，以 6.0 最好。

## 三、类型及品种

### （一）类型

花椰菜一般分为白花菜（附图中图 13）和青花菜（附图中图 14）。

### （二）品种

品种选择上，一般早熟品种不适合春季栽培，选用冬性较强（耐抽薹），耐寒性强，适于春季生长，生长势旺，株型紧凑，蜡质多，抗逆性强，花球大且紧实，外形美观，商品性好，优质高产，不易散花，抗病，耐贮存的中、晚熟品种栽培。为了来年提早上市，可选择 80 ~ 100 天的品种，如神良 100 天、冬将 100F1、美好 F1、绿宝石等。

### 1. 神良 100 天

杂交一代（又名白雪花菜杂交 100 天）。叶长、脉明、梗宽，长势旺盛，株高形大，心叶合抱，定植后 100 天左右采收。平均球重 1500 g，花球洁白紧实，肉质花枝厚。耐长途运输，高抗黑腐病、霜霉病，耐低温，短时 –4 ℃，花球不易冻害。

### 2. 冬将 100F1

台湾一代杂交，中晚熟。耐寒耐湿，耐温性强，植株生长强健壮旺，抗病性强，适应性广，易栽培管理。心叶合抱，内叶自行覆盖花球，自抱性好，花球紧密，厚重丰圆，洁白美观，商品性高。秋播定植后 90 ~ 110 天采收，单球重约 2200 g，产量丰高。

### 3. 美好 F1

杂交一代中熟品种。生长旺盛，耐寒耐湿，适应性强，高抗病。单球重 800 g，产量高，花蕾紧密厚实，呈圆球形，蕾粒细小均匀，颜色深绿，花形美观，商品性高，耐贮运。

### 4. 绿宝石

中熟品种，生育期 110 ~ 115 天。植株高大，生长势强，叶片深绿色。花球高圆形，厚实，花蕾细小美观，单球重 500 ~ 700 g。侧枝发生多，侧花球容易形成，主花球收获后，可收侧花球。该品种适应性广，耐贮运，抗病性强。

## 四、栽培技术

### （一）播种育苗

贵州在头年 10 月中旬至 12 月播种，幼苗过冬，大棚育苗，冬季苗床温度不低于 5 ℃，12 月至次年 2 月上旬移栽，这样花球可在 3—5 月上市，花球品质佳、产量高。过早播种，花球早熟，产量低；过迟播种则上市晚，经济效益低。育苗方法和结球甘蓝的相似，但苗期须注意水分和温度管理。如果苗床过于干旱或缺肥，床温长期偏低，会致使幼苗生长受抑，形成"小老苗"；若提前通过春化阶段而分化花芽，会造成处于 5 ~ 8 片叶期的幼苗出现小花球，这种现象被称为"先期现蕾"。

采用营养钵育苗，配育苗土时注意施磷肥、钾肥以利于壮苗，在每立方米营养土中掺入 100 ~ 150 g 敌克松或 5% 多菌灵防治立枯病和猝倒病。每亩用种 50 g。每钵 1 ~ 2 粒种子，可先在苗床上播种，"2 叶 1 心"时分入营养钵内，播种后如遇冷空气可在大棚内搭小拱棚，棚内最低温度不低于 8 ℃，出苗后拔除病弱苗，在 3 ~ 4 片叶后要不断拉大营养钵之间距离以利于培育壮苗，定植前 7 ~ 10 天低温炼苗，逐步降到夜间 2 ~ 5 ℃，以适应大田生长环境。育苗期应防治秧苗霜霉病、猝倒病和青枯病。

## （二）整地定植

春花菜以选择土层较厚、疏松肥沃、排水良好的壤土或黏土为宜。深翻坑土，施基肥，一般每亩施氮磷钾复合肥 50 kg、腐熟有机肥 2000 ~ 3000 kg，施后及时翻地、耙平，及时清理好排水沟以保持排水沟畅通。

当幼苗长至 5 ~ 6 片真叶时即可定植。定植过早易造成先期显球，影响产量；定植过晚成熟期推迟，花球品质变劣。一般在日平均气温稳定在 6 ℃以上时才可定植，在当地寒流过后开始回暖时，选晴天上午进行露地栽培。定植时采用双行定植，尽可能做到带土、带肥移栽，防散坨断根，影响缓苗，导致先期现蕾。栽培密度因品种、土壤条件、管理水平不同而异，行距 50 ~ 55 cm，株距 45 cm，每亩栽 2700 ~ 3000 株。要提早上市，采用大棚加地膜，如育苗大小不一，则需要进行分级定植以便管理。定植后防止晚霜为害。

## （三）田间管理

开春前气温比较低，花菜生长慢，需要追施淡粪水 1 ~ 2 次，同时中耕 1 ~ 2 次，促进植株生长。春季随气温回升，生长快，需要增大肥水量，追肥 2 次，第一次追肥是在 2 月中下旬，促进花球形成前有强大的叶簇；在花球形成初期进行第二次追肥，促进花球形成，即花球如鸡蛋大时，每亩再追施三元复合肥 30 kg，并结合根外追肥施硼肥 1 ~ 2 次、磷酸二氢钾 2 ~ 3 次，可增加产量，预防花球黑心、空心。追肥时应及时除去杂草、老叶和黄叶。

在花球横径 5 cm 左右（如鸡蛋大）时采收，把靠近花球的外叶折断，覆盖花球，以避免阳光直射，保持花蕾洁白。一般在 4 月下旬至 5 月中旬采收，经济效益较高。迟收，花球易松散变黄，出现毛球，品质变劣。用不锈钢刀具收割，收获时要保留 4 ~ 5 片叶，保护花球免受损伤和污染。花球须无膨大开苞现象，不能有病虫害、霉烂变质和异色斑疤的花球。

# 五、病虫害防治

参照"第二节 结球甘蓝春夏错季栽培技术"中的"五、病虫害防治"内容进行防治。

## 第四节  萝卜春夏错季栽培技术

萝卜是十字花科萝卜属二年生或一年生草本植物，属半耐寒性蔬菜，是我国重要的蔬菜作物。萝卜栽培历史悠久，是世界古老的栽培作物之一，主要分布于欧洲大陆、北非、东亚、中亚等地。史学家研究历史资料后推测，中国古人食用萝卜有六七千年的历史。萝卜在我国的栽培面积和产量都名列前茅，同时我国萝卜出口量也是世界第一。萝卜食用部分以肉质根为主，肉质根呈长圆形、球形或圆锥形，外皮绿色、白色或红色。萝卜的种子、鲜根、叶皆可入药：种子有消食化痰之效；鲜根可止渴、助消化；叶能治初痢，有一定预防痢疾的作用。

### 一、主要特征特性

萝卜主要食用部分是肉质根，主要包括短缩茎、子叶下轴、主根上部3个部分。在肉质根膨大阶段，配合科学的栽培技术，延长膨大期，就能有效提高萝卜的品质和产量。萝卜花呈复总状，所结的果是长角果，萝卜一般结出3～8粒种子。萝卜的生长周期分为营养阶段和生殖阶段，营养阶段主要包括从发芽至肉质根膨大环节和贮藏环节，生殖阶段主要包括孕蕾至开花结荚环节。

### 二、对环境条件的要求

萝卜属半耐寒性蔬菜，种子2～3℃开始发芽，发芽适宜温度为20～25℃。幼苗既能耐25℃的高温，也能耐-2℃左右的低温。叶的生长适宜温度为15～20℃，最高温度为25℃。肉质根生长喜温凉的气候条件，最适温度为13～18℃。

由于叶片大、根群浅，萝卜不耐干旱。适宜的土壤湿度应为60%～70%，空气相对湿度为80%～90%。在肉质根形成期，如土壤缺水，肉质根膨大受阻，表皮粗糙，辣味增加，糖分和维生素C含量降低，易糠心，须根增加，产量降低；如土壤含水量过高，则肉质根皮孔增大，侧根基部形成不规则突起；如水分供应不均，肉质根易开裂，影响外观品质。

光照充足，植株健壮，光合作用强，是肉质根生长膨大的必要条件。萝卜需要在低温、长日照条件下完成阶段发育，短日照条件下不能通过光照阶段，不利于肉质根的生长。

萝卜生长发育以土层深厚，保水、排水良好，疏松透气的砂壤土为宜；土壤黏重，石砾杂物多，萝卜表皮不光洁，易发生畸根。

## 三、类型及品种

### （一）类型

萝卜主要分为白皮萝卜、青皮萝卜和红皮萝卜3种，不同省（区、市）偏好有所差异，贵州主要以白皮萝卜为主。

### （二）品种

春夏季萝卜栽培应选择耐抽薹、耐热性、抗病性强的优质丰产萝卜品种。如韩白玉春、大韩白春、帝王春、白玉夏、白光等。

#### 1. 韩白玉春

韩国引进，耐抽薹早熟品种。表皮光滑，商品性佳，不易裂根，收获期较长。播种60天采收，单根重1.2 ~ 1.5 kg，长30 ~ 33 cm，横径7 cm，每亩产量5500 kg以上。

#### 2. 大韩白春

早熟品种。根皮纯白光滑，侧根少，肉质清脆，口感脆，味辣，水分较多，无糠心，叶数较少。播种60天即可采收，根长33 ~ 35 cm，每亩产量5500 kg以上。

#### 3. 白玉夏

韩国引进品种。根形长圆筒形，根部白色，根状均匀，根长30 ~ 33 cm。外叶短，适于密植，曲根、裂根少，商品性高。抗病性及耐热性强，不易抽薹，播种后50 ~ 55天即可收获，单根重1.4 kg，每亩产量5500 kg。

#### 4. 白光

肉质根皮白色，长圆柱形，尾部稍尖，单根重约1.3 kg，根长30 cm左右，横径6 cm。表皮光滑，侧根少，皮薄，肉质脆嫩，水分足，味微甜。抗寒性强，抽薹晚，不易裂根，不糠心，纤维少。生长势旺，适宜密植，每亩产量5000 kg以上。种植后60天采收，抗霜霉病、病毒病。

## 四、栽培技术

### （一）播种育苗

#### 1. 播种期的选择

海拔750 m以下、1月平均气温大于8 ℃的地区，2月深窝地膜直播，4月中旬至下旬采收。

海拔760～1000 m、1月平均气温5.3～7.0 ℃的地区，2月深窝地膜直播，4月下旬至5月上旬采收。

海拔1000～1300 m、1月平均气温3.5～5.3 ℃的地区，2月下至3月上旬深窝地膜直播，5月采收。

海拔1300～1500 m、1月平均气温2.3～3.5 ℃的地区，3月上旬至中旬深窝地膜直播，5月中旬至下旬采收。

海拔1500～1800 m、1月平均气温1.0～2.3 ℃的地区，3月下旬至4月上旬深窝地膜直播，5月下旬至6月上旬采收。

## 2. 选种

种子质量的好坏，对萝卜植株的生长和产量的影响很大。为使出苗整齐，苗全、苗壮，应选饱满、健壮、无虫孔的种子，剔除瘪、碎、霉变的种子。

## 3. 播种方式

一般直播，也可育苗移栽。直播采用穴播，每穴播种4～5粒，每亩用种400～600 g。播种后覆土2 cm厚，不能过浅或过深，过浅根不直，过深影响出苗速度。播种后及时浇透水，保持土壤湿润，直至出苗。在盛暑播种除盖土外，还应用谷壳、灰肥等覆盖，以防烈日、暴雨影响出苗。一般种子价格较高的一代杂交种，为了节约用种，保障苗齐、苗壮，可采用营养坨或营养钵育苗移栽，每坨（钵）播种1～2粒，每亩用种150 g，长至2片真叶时移栽定植。

### （二）整地定植

萝卜生长量大，需肥多，施肥以基肥为主、追肥为辅。结合整地施基肥，施入充足的基肥，每亩施腐熟农家肥2000～3000 kg、草木灰100 kg或硫酸钾40 kg、过磷酸钙30～40 kg。为便于排水，须采用深沟窄厢栽培，厢高17～20 cm，厢宽60 cm，每厢栽2行；或厢宽100 cm，每厢栽3行。株行距33 cm×33 cm。

### （三）田间管理

#### 1. 及时间苗和定苗

萝卜的幼苗出土后生长迅速，要及时间苗，否则易造成拥挤，互相遮阴，引发徒长。间苗和定苗应掌握的原则：早匀苗，分次间苗，适时定苗，保证苗齐、苗壮。一般间苗2～3次。在第一片真叶展开时首次间苗，拔除病弱苗、畸形苗及病虫危害的苗，每穴留健壮苗3～4株；3片真叶时第二次间苗，拔除劣苗、杂苗，保留健壮、品种纯正的苗，每穴留2～3株；在破肚时定苗，选留1株具有原品种特性的健壮苗。

#### 2. 加强肥水管理

合理浇水：萝卜抗旱性差，肉质根生长发育时水分不足，则根细、粗糙、木质化、辣味增加。浇水主要根据萝卜生长特点，各个生长时期对水分的要求，以及气候条件、土壤状况决定。播种后若天气干旱，土壤墒情不好，应立即浇 1 次水，开始出苗时再浇 1 次水保持地面湿润，保证出苗整齐。出苗后至幼苗期应小水勤浇，即少量多次，可降低土温，防止高温灼伤幼苗，并能减轻病毒病的发生。破肚前应少浇水，蹲苗促根下扎。地上部旺盛生长期需水量比幼苗期增加，应适当浇水，以保证叶子的旺盛生长，增加光合作用。但水分过多，也会造成徒长，影响肉质根的生长。同时要注意，浇水应在早晨或傍晚气温和地温较低时进行。若多雨，应及时排涝，防止死苗。

科学追肥：反季节萝卜生长较快，生长期较短，其施肥原则上应遵循"基肥为主，追肥为辅"。一般第一次和第二次间苗后，各追施 1 次腐熟的清粪水或加入少许尿素的沼液；破肚时追施第三次腐熟的清粪水，结合浇水，每亩追施复合肥 10 kg；肉质根迅速膨大期前，每亩再追施复合肥 15 ~ 20 kg 或撒施草木灰 100 kg。萝卜是容易积累硝酸盐的蔬菜，要严格掌握氮肥施用量，在整个生育期内每亩施纯氮不超过 8 kg（折合尿素 17 kg）。

中耕除草与培土：苗期结合间苗先进行 1 次中耕除草，在肉质根迅速膨大期间，更应及时中耕除草，防止草害。长型露身品种，因生长初期根颈部细长软弱，常易弯曲、倒伏，应注意培土，使其直立生长。中耕宜先深后浅，封行后停止中耕。到生长中后期须经常摘除老叶、黄叶，以利于通风。

# 五、病虫害防治

## （一）主要虫害防治

### 1. 菜青虫

菜青虫属鳞翅目粉蝶科。幼虫危害叶片，2 龄前啃食叶肉，3 龄后蚕食整个叶片，影响植株生长，造成减产。

防治方法：生物防治可使用菜青虫颗粒体病毒和生物农药苏云金杆菌，并尽量保护天敌。化学防治要抓住幼虫二龄期前，选用 1.8% 阿维菌素乳油 2000 倍液、5% 氟啶脲乳油 1500 倍液、2.5% 氯氟氰菊酯乳油 2000 倍液等交替防治。

### 2. 萝卜蚜

萝卜蚜属同翅目蚜科。它在叶背或叶心上刺吸汁液，使幼叶畸形卷缩，影响植株生长，造成减产，同时传播病毒病。

防治方法：用黄色板涂机油或黏着剂诱杀。化学防治宜及早进行，选用 20% 甲氰菊酯乳油 2000 倍液、50% 抗蚜威可湿性粉剂 1500 倍液、10% 吡虫啉可湿性粉剂 2000 倍液等交叉防治。

### 3. 黄条跳甲

黄条跳甲属鞘翅目叶甲科，别名土跳蚤、菜蚤子。成虫主要危害幼苗期叶片，出土的幼苗子叶被吃，整株死亡，造成缺苗断垄；幼虫蛀食根皮，咬断须根，使叶片萎蔫枯死；萝卜被害后呈许多黑斑，最后变黑腐烂。

防治方法：在成虫始盛期，选用48%乐斯本乳油1000倍液、2.5%氯氟氰菊酯乳油2000倍液、20%氰戊菊酯2000～4000倍液等防治。

## 4. 菜螟

菜螟属鳞翅目螟蛾科，俗称吃心虫、钻心虫等。幼虫钻蛀幼苗心叶和叶片，导致幼苗停止生长或萎蔫死亡，造成缺苗断垄。

防治方法：在成虫盛发期和幼虫孵化期，选用1.8%阿维菌素乳油4000倍液或8000 IU/ mg苏云金杆菌可湿性粉剂600倍液等防治。

### （二）主要病害防治

## 1. 黑斑病

病原为萝卜链格孢，属半知菌类真菌。

症状：被害叶片初生黑褐色至黑色稍隆起小圆斑，中心部呈灰褐色，扩大后边缘呈苍白色，同心轮纹不明显。湿度大时病斑上生淡黑色霉状物，病部易破裂。病情严重时，病斑常汇合成片，致叶片枯死。

发病条件：以菌丝或分生孢子在病叶上存活，为初侵染源，带病种子的胚叶组织内也有菌丝潜伏，借种子发芽时侵入根部。该病发病适宜温度25 ℃，最高温度40 ℃，最低温度15 ℃。

防治方法：与禾本科作物轮作可减轻黑斑病危害；播种前用10%盐水或20%硫酸铵漂洗种子，然后用清水冲洗数次；初发病时及时喷药，选用70%甲基托布津可湿性粉剂800～1000倍液、75%百菌清可湿性粉剂500～600倍液等，隔7～10天喷施1次，交替喷施2～3次。

## 2. 黑腐病

病原为油菜黄单胞杆菌油菜致病变种，属细菌。

症状：染病叶缘出现"V"字形黄褐色病斑，叶脉变黑，后扩及全叶。肉质根染病，外观看不出明显症状，但横剖根部可见维管束变黑，严重的内部组织形成黑色干腐状，后形成空洞。

发病条件：病菌在种子内或随病残体遗留在土壤中越冬，从叶缘气孔或伤口侵入，导致发病。发病最适温度25～30 ℃，最适pH值6.4。

防治方法：播种前用55 ℃温水浸种20 min，也可按种子每1000 g加50%琥珀酸铜可湿性粉剂4 g的比例拌种。发病初期，选用20%噻菌铜悬乳剂800倍液、77%氢氧化铜可湿性粉剂1000倍液或72.2%霜霉威盐酸盐水剂1000倍液等交替防治，隔7～10天喷施1次，连续喷施3～4次。

## 3. 霜霉病

病原为寄生霜霉萝卜属变种，属真菌。

症状：该变种对萝卜侵染力强，对芸薹属侵染力很弱。主要危害叶片，一般从植株下部向上扩展，叶面初现不规则褪绿黄斑，后渐扩大为多角形黄褐色病斑。湿度大时，叶背面长出白霉，严重的病斑连片致叶片干枯。

发病条件：该病病菌可附着在种子、病残体或土壤中，借雨水或气流传播。发病最适温度 14 ~ 20 ℃，空气相对湿度 90% 以上。

防治方法：发病初期，选用 25% 甲霜灵可湿性粉剂 600 ~ 800 倍液、40% 乙膦铝可湿性粉剂 400 倍液等交替防治，隔 7 ~ 10 天喷施 1 次，连续喷施 2 ~ 3 次。

### 4. 病毒病

病原主要有芜菁花叶病毒、黄瓜花叶病毒和萝卜花叶病毒。

症状：首先心叶出现叶脉失绿，继而叶片叶绿素不均，深绿和浅绿相间，发生畸形皱缩，严重时整个植株畸形矮化。

发病条件：3 种病毒均可通过蚜虫或汁液接触传毒。萝卜耳突花叶病毒可由黄条跳甲传毒，黄瓜花叶病毒和芜菁花叶病毒由蚜虫传毒。田间管理粗放，高温干旱，蚜虫、跳甲发生量大，或植株抗病力差，发病重。

防治方法：实行轮作、对种子和土壤消毒、防治蚜虫和跳甲等措施是预防萝卜病毒病的有效措施。药剂防治，选用 0.5% 氨基寡糖素水剂 800 倍液、18% 丙唑·吗啉胍可湿性粉剂 1200 倍液、1.5% 植病灵 1000 倍液、20% 病毒 A 可湿性粉剂 600 倍液等喷施。

### 5. 软腐病

病原为胡萝卜软腐欧氏菌，属细菌。

症状：主要危害根茎、叶柄和叶片。根茎内部组织坏死，软腐腐烂，在病部有褐色黏液溢出；叶柄和叶片初始产生水浸状斑，扩大后病斑边缘明显。田间湿度大时，病情发展迅速，干旱时病害停止扩展。

发病条件：病菌主要在土壤中生存，经伤口侵入发病。该菌发育温度范围 2 ~ 41 ℃，最适温度 25 ~ 30 ℃，在 pH 值 5.3 ~ 9.2 的土壤中均可生长，最适 pH 值 7.2。

防治方法：在发病初期，选用 2% 春雷霉素液剂 400 ~ 500 倍液、47% 春雷·王铜可湿性粉剂 600 ~ 800 倍液、72.2% 霜霉威盐酸盐水剂 1000 倍液、30% 琥珀酸铜可湿性粉剂 600 倍液等防治，隔 7 ~ 10 天喷施 1 次，连续防治 2 ~ 3 次。

# 第五节　胡萝卜春夏错季栽培技术

胡萝卜是伞形科胡萝卜属一年或二年生草本植物。胡萝卜肉质根部营养物质丰富，特别是胡萝卜素、维生素等含量较高，素有"小人参"之称，是重要的鲜菜和加工原料，在世界各地广泛种植。胡萝卜具有适应性强、易栽培、产量高、耐贮藏、病虫害少、营养丰富、适口性好等优点，且对环境条件要求不高。春夏季全国大部分地区由于温度高，很难种植胡萝卜，而春夏季胡萝卜价格相对其他季节的高。贵州中高海拔地区春夏季气候凉爽，适合喜冷凉气候的根菜类蔬菜——胡萝卜生长。

## 一、主要特征特性

胡萝卜主要食用部位为其膨大的根部，根部通常呈长圆锥形胡萝卜的地上茎叶及种子多毛，不宜食用；花小、两性，通常为白色；果实呈圆卵形，多刺毛，且多含黄酮类等抑制种子发芽的物质，因此，栽培上常须进行适当的种子处理。

## 二、对环境条件的要求

### （一）土壤

胡萝卜宜种植于排水良好、土层深厚、有机物含量丰富的砂壤土中，土壤中不含石块、瓦砾等，pH值以 6 ~ 8 为宜。

### （二）水分

胡萝卜对水的需求量大，栽培时要注意水分的供应，使土壤保持一定湿度，不要过干或过湿；在肉质根迅速膨大时须供水均匀，避免肉质根的开裂。此外，通过适当地改变栽培条件及栽培技术，可减少其对水分的需求，如雨季时做好排水疏通工作，以防淹苗；在干旱季节覆盖遮阳网或薄膜，以减少阳光直射和水分过度蒸发。生产上选用耐旱品种，可以降低胡萝卜对水分的需求，同时提高水的利用率和提高栽培作物的品质。在水资源匮乏地区可使用设施进行栽培，以减少水分的流失。

### （三）光照

胡萝卜对光照的需求不高，但其种子为需光性种子，光照强度是影响其光合速率日变化的主要生态因子。光照时间在 12 ~ 14 h 或以上，胡萝卜容易抽薹开花；光照时间过短，胡萝卜延缓开花，根部易产生芽，形成小苗，从而影响胡萝卜的品质。充足的光照是叶面积增大、肉质根生长的必要条件。

## （四）温度

胡萝卜属冷凉性蔬菜，喜冷凉气候，抗寒性、抗旱性良好，耐贫瘠；适宜生长温度15 ~ 25 ℃，喜欢相对干燥的空气条件。较大的温差和充足全面的养分有利于胡萝卜肉质根的形成，同时保证胡萝卜具有较高的番茄红素含量。遇上低温，一定要做好保护性工作，采取割去地上部分、覆土、覆盖秸秆，在栽培地里直接搭棚，适当地施用钾肥、抗低温安全物质等措施，都能起到良好的保护作用。温度回升后，要及时进行追肥，使胡萝卜恢复生长，以达到出售要求。

# 三、类型及品种

## （一）类型

目前，按照食用特点可以将胡萝卜划分为鲜食用胡萝卜、菜用胡萝卜、加工类型胡萝卜、饲料用胡萝卜四大类。

鲜食用胡萝卜：根含水量较高，肉质脆嫩，甜度口感良好，根较小，生育期较短，约70天，主要品种为迷你胡萝卜、水果胡萝卜等。

菜用胡萝卜：根含水量适中，肉质根大小适中，口感好，适合炒、凉拌、炖肉等。如黑田五寸，耐热性特强，生长强健，根肥大、圆筒形、浓橙红色，芯部小，生育期60 ~ 120天，属早熟品种。

加工类型胡萝卜：根含水量较低，个头大，根形上下一致，根毛少，肉质厚，产量高，成熟期长，干物质含量高。如红芯六号，外观整齐，胡萝卜素含量高，抗逆性强，生育期100天左右，属中熟品种。

饲料用胡萝卜：根含水量较低，单株重500 g左右，含水量低，肉质紧密，干物质含量高。如红芯六号、加工一号等，生育期120天以上，属晚熟品种。

根据肉质根性状，又可以将胡萝卜分为短圆锥类型胡萝卜、长圆柱类型胡萝卜、长圆锥类型胡萝卜三大类。

短圆锥类型胡萝卜：肉质根较小，单根重为100 ~ 150 g，根圆锥形、较短，属早熟品种，耐热、耐抽薹，外皮及髓部常为橘红色，肉质较厚、质脆、味甜，常用作生食用，适合春季栽培。品种如烟台三寸胡萝卜。

长圆柱类型胡萝卜：成熟期较长，根细长而圆，肩部粗大，根尖端钝圆。该类型胡萝卜种植时，需要土层深厚，以利于根生长和胡萝卜挖取。品种如长红胡萝卜、棒槌胡萝卜、麦村胡萝卜和肥东胡萝卜等。

长圆锥类型胡萝卜：为中、晚熟品种，味甜，耐贮藏，适合区域较广。品种如内蒙古黄胡萝卜、汕头红胡萝卜、黑田五寸等。

## （二）品种

胡萝卜随着栽培和食用的需求，从最初的紫色胡萝卜逐渐选育出不同颜色的胡萝卜品种。我国栽培品种主要有黄色胡萝卜、橘红色胡萝卜和红色胡萝卜。

### 1. 黄色胡萝卜

富含叶黄素，根皮、根肉黄色，根髓部浅黄色，根髓小，根肉含水量少，肉质脆，口感甜；安徽黄胡萝卜，根皮、根肉黄色，根髓部深黄色，根髓中等，根肉含水量中等，肉质疏松，风味浓。

### 2. 橘红色胡萝卜

富含胡萝卜素，例如：潜山东风胡萝卜，根皮、根肉橘红色，根髓小，根肉含水量少，肉质细密、脆嫩，口感甜；厦道胡萝卜，根皮、根肉红色，根髓部橘红色，根髓小，根肉含水多，肉质脆，口感甜。

### 3. 红色胡萝卜

富含番茄红素，例如：潜山红胡萝卜，根皮、根肉红色，根髓部浅红色，根髓小，含水量少，肉质致密，口感甜；望山红萝卜，根皮、根肉红色，根髓部红色，根髓小，根肉含水量多，肉质致密，口感甜。

此外，还有紫色胡萝卜（如四川汉源胡萝卜、鞭杆红等）、橘黄色胡萝卜（如安阳大红袍、西峡胡萝卜等）、白色胡萝卜（如白玉等）。

春夏种植胡萝卜应选择顶盖小，缨长势弱，根呈圆柱状或圆锥形，芯柱与柱外肉质部颜色均一，硬度一致，表皮光滑，根眼少，侧根极少，种子发芽率在75%以上，色泽浓艳的品种。春季栽培品种以早熟、耐热性强、抽薹迟为主，如烟台三寸萝卜、齐头黄胡萝卜等；夏季栽培品种以抗旱性、抗病性、抗逆性强，不易抽薹，生育期短为主，如王宗二胡萝卜、潜山红胡萝卜、四川汉源胡萝卜等；秋季栽培品种以抗病性、抗逆性强，耐贮藏性强，生育期较短为主，如望山红萝卜、雅安胡萝卜等；冬季栽培品种以抗病性、耐寒性、耐贮藏性强，生育期较长为主，如盐源胡萝卜、厦道胡萝卜等。

## 四、栽培技术

### （一）选地、整地

胡萝卜是深根系根菜类蔬菜，主要食用器官是肉质根。因此，宜选土层深厚、富含腐殖质、水源方便的地块，pH值6～8的壤土或砂壤土，切忌选排水不良地块和黏重土。前茬以小麦、玉米和豆类为好，其中豆类最好。对排水稍差、土壤质地较黏重的地块，可实行起垄栽培。选好地块后，接着对地块土壤消毒：①可用碳酸氢铵均匀撒施，保持土壤湿润，覆盖薄膜3～5天（晴天）或7～10天（阴雨天）；②前茬收获后翻耕耙平，灌5～10 cm深的水，经太阳照射、高温消毒7～10天，对地下害虫、线虫、土传病害和草籽均有较强的杀灭效果；③土壤中含有石块、瓦砾等坚硬的物体时，要将其清理出去，以免致使胡萝卜根分叉。

### （二）翻耕施肥

前茬作物收获后，及时翻耕，翻耕深度 25 ~ 30 cm。翻地或整地前，每亩施入 2500 ~ 3000 kg 的腐熟优质有机肥，并加入 30 kg 的有机肥，使肥料均匀混入土中。若未腐熟有机肥带有病原并在地里发酵，会使胡萝卜主根受伤，使其分叉或者发生病虫害，因此，须避免使用未腐熟的有机肥。播种前灌底墒水，精细耙地 2 ~ 3 遍，使之达到"齐、平、松、碎、净、墒"六字标准。畦宽 110 ~ 130 cm，畦高 30 cm，呈龟背形。起垄后，在垄顶上按行距 15 cm 开播种沟，沟深 2 cm。

起垄栽培的优点：雨水多时利于排水降湿，避免渍害；增加土壤透气性，使胡萝卜优质高产，裂根减少。

此外，还须增加农家肥的用量，或在翻耕时施入一定量的草木灰等。

### （三）种子处理

#### 1. 胡萝卜种子抑制物及种毛（刺毛）的去除

（1）种子浸泡法

用容器浸泡种子时，水分为种子量的 3 ~ 10 倍；水的温度通常控制在 20 ℃左右，每 2 h 换 1 次水，换水 3 ~ 4 次即可播种。

（2）酸及盐处理法

用低浓度的酸或盐浸泡种子，方法同上述"种子浸泡法"。

（3）细沙搓洗法

用细沙对种子进行搓洗，可以去除种子含有的抑制物质；对种皮较厚的种子，可使其种皮变薄而易于吸收水分及气体交换，使种子发芽提早。

（4）棍棒捻搓法

对果皮较厚、种子刺毛较多的种子采用此法，用棍棒将种子捻成两半，易于种子浸泡、播种时，出苗更好。

以上几种除去胡萝卜种子抑制物及种毛（刺毛）的方法，不仅是为了胡萝卜种子更好地吸水、吸氧，也为了提高发芽率和整齐度，保证苗的质量。所以，一定要做好除去种子抑制物和搓去种子上刺毛的工作。

#### 2. 催芽

播种前晒种 1 ~ 2 天，用 30 ~ 40 ℃的温水浸种 3 h 后，放入洁净纱布中催芽，温度保持在 20 ~ 25 ℃，并适时喷水以保持种子湿润，注意防止淹水而致使种子发霉。同时，注意防止干燥，干燥会导致子叶无法打开，形成"卡壳"，影响子胡萝卜的生长发育。出现"卡壳"现象时，及时补充水分，便可使子叶打开。胡萝卜种子发芽的时间长，需要一周左右种子才开始萌动，当大部分种子露白时即可播种。

### （四）确定播种期、播种方法和播种量

在贵州春夏季栽培胡萝卜，根据海拔的不同，播种时间也略有不同。海拔 1000～1300 m 的地区，4 月初可播种；海拔 1300～1500 m 的地区，4 月中旬可播种；海拔 1500～1800 m 的地区，4 月底可播种。

种植面积大时，应采用机械播种。播种前应调试好农机具，以确保下籽均匀。每亩用种 450～500 g，掺入种子量 5 倍的细沙或干锯末混播。行距 25～30 cm，播种深度 1.50 cm 左右，播种后撒上薄细土覆盖即可。因胡萝卜种子为需光种子，需要在一定的光照下才能更好地发芽，故覆土不宜厚。小面积种植则采用人工播种，等行距开沟，播种后先在种子上覆 1.50 cm 厚的细土，再覆盖麦秸，以利于保墒。为了节省种子，也可以采用点播方式。

### （五）田间管理

#### 1. 间苗和定苗

从播种至子叶展平、真叶露心需 10～15 天；此时苗十分细弱，根系浅，这段时间要保持土壤湿润，并防止太阳暴晒，以利于幼苗生长，春夏季可进行适当遮阴。在 1～2 片叶期进行间苗，除弱留壮；4～5 片叶期时（即在 25 天左右）定苗，苗距 10 cm 左右，条播，行距 15 cm。

#### 2. 中耕除草培土

胡萝卜苗期长，各种杂草生长极快，分别在间苗、定苗后进行第一次中耕锄草；第二次中耕时将土培至根头部，防止胡萝卜根头部变绿而出现青头。生长后期仍要注意培土除草。

#### 3. 科学管水

秋冬季气候较干燥，且砂壤土、沙土保水能力低下，为此科学管水也是胡萝卜高产优质的一个关键。出苗前要保持土壤湿润且不积水，保出苗。苗期叶小、细嫩，要薄水勤喷，一般早上喷洒 1 次，午后至傍晚前注意控制水分，保持畦面干燥；苗高 3～5 cm 时（齐苗后 15 天左右）要灌 1 次"跑马水"（即灌一次水后马上放掉，到田边开始发白时再灌一次水，然后再放掉）使其自然湿透，确保畦内湿润，利于根系深扎。在肉质根膨大期，也要保持土壤湿润且不积水，确保肉质根膨大期对水分的需求，以免供水不均匀，导致胡萝卜根部开裂。成熟期要特别注意春季排水，若遇多雾天气及雨季，还应及时排水，同时注意防治白粉病、根腐病，预防黑腐病。

#### 4. 合理追肥

胡萝卜是喜钾忌氯作物，需肥量较大，对土壤中营养元素的吸收以钾最多，氮次之，磷最少。胡萝卜如果出现缺肥，肉质根上毛根眼会增多，严重影响表皮光滑度，为此要及时追肥 2～3 次。第一次追肥在苗高 5 cm 左右，施硫酸钾复合肥 5.0～7.5 kg/亩，施后结合喷水。第二次追肥在播种后 30～40 天（苗高约 10 cm），施硫酸钾复合肥 20 kg/亩，并保持土壤湿润。播种后 60～70 天，再施硫酸钾复合肥 20～25 kg/亩，并补充足量肥水，促进肉质

根的形成。采收前 15 天左右不能再追肥，但应维持土壤适当墒情，以利于采收。

### 5. 温湿度管理

夏秋季栽培时，高温降水天气注意做好降温保湿工作。高温天气时使用遮阳网，可降低设施中的光照度和温度；对植株喷洒水分，也可以一定程度地降低温度。雨水过多时须及时排水，以免淹苗。冬春季栽培时，在选用耐寒性、抗逆性强的品种的同时，也要注意做好防冻保温工作。若遇到低温，常见的低温保护措施有：割去作物地上部分后，覆土或覆盖秸秆在栽培地里直接搭棚、挖取作物贮藏于保护设施（如窑洞、贮藏室）中等；适当地施用钾肥和使用抗低温安全物质等，也可以降低低温对作物的伤害，起到良好的保护作用。

## 五、病虫害防治

胡萝卜病虫害的发生主要有几个方面的原因，如管理不善、生存环境不好、外敌侵入等。防治病虫害的发生，可以从处理植株本身、改善生产环境、提高管理措施、引入天敌、物理防治、药物处理等几方面入手。

### （一）主要虫害防治

胡萝卜虫害主要有蚜虫、地老虎、种蝇、黄条跳甲和甜菜夜蛾等，它们危害胡萝卜的根、叶，严重影响其生长及销售、食用。

### 1. 地老虎

地老虎幼虫在夜间咬食幼苗，造成缺苗断垄。

防治方法：主要采用人工捕捉法，虫量大则采用毒饵法。毒饵法：90% 敌百虫拌炒熟的麸皮和油渣，于傍晚撒在萝卜近根部诱杀。在成虫发生期，于晴天中午用糖：醋：水 =1.0：1.0：2.5 制成的糖醋液诱杀。

### 2. 种蝇

种蝇幼虫危害地下部根，造成的伤口容易引起细菌浸染。

防治方法：在成虫发生期，于晴天中午用糖：醋：水 =1.0：1.0：2.5 制成的糖醋液诱杀。

### 3. 黄条跳甲

黄条跳甲成虫常三五成群取食刚出土的幼苗叶片，将叶片咬出密密麻麻的孔洞，致使整株死亡，造成缺苗断垄；其幼虫生活在土中，蛀食根皮，咬断须根，使叶片萎蔫枯死，伤口处常引起软腐病。

防治方法：幼虫期，可喷洒斯氏线虫液或辛硫磷乳油稀释 1000～1500 倍液，结合浇水进行灌根；成虫期，可选用高效氯氰菊酯、氯吡硫磷·氯氰菊酯等诱杀。

### 4. 蚜虫

选用 2.5% 溴氰菊酯乳油 2500 倍液等防治，还可用黄板诱杀或银灰反光膜驱避蚜虫。

## 5.甜菜夜蛾

对初孵幼虫喷施5%氟啶脲乳油稀释2500～3000倍液，或选用25%氯氰·毒死蜱1000倍液、2.5%多杀霉素500倍液等诱杀。晴天傍晚用药，阴天可全天用药。

## 6.根蛆

在成虫发生期，选用2.5%氯氟氰菊酯乳油3000倍液、2.5%溴氰菊酯乳油3000倍液喷杀，隔7天喷1次，连续喷2～3次；在幼虫发生期，每亩用乐斯本500 g或40%辛硫磷1000 g随浇水灌根。

## 7.茴香凤蝶

幼虫蚕食胡萝卜叶片，影响胡萝卜正常生长。数量较大时，在田间喷施20%氰戊菊酯3000倍液，也可用其他杀虫剂进行喷雾防治。

### （二）主要病害防治

胡萝卜的病害主要有黑斑病、黑腐病、白粉病和细菌性软腐病等，他们影响植株的生长、发育，甚至导致减产。

## 1.白粉病

主要危害叶片和茎，叶片逐渐变黄甚至萎蔫，并出现小黑点，发现病株后应及时将其拔除，带出田外销毁，并在病株附近撒生石灰消毒。

防治方法：发病初期，选用农抗120水剂150～200倍液喷施，或用硫黄·多菌灵、三唑酮等药剂防治。

## 2.黑斑病

主要危害植株的叶片、叶柄与茎秆。

防治方法：一是播种前拌种处理，用50%福美双或70%代森锰锌按适当比例拌种；二是在发病初期，选用75%百菌清600倍液、70%代森锰锌600倍液，隔7～10天喷施1次，连续喷施2～3次；三是用64%恶霜灵·锰锌可湿性粉剂600～800倍液、50%异菌脲可湿性粉剂1500倍液，隔7～10天喷施1次，连续喷施3～4次，可有效抑制病害的加剧。

## 3.黑腐病

此病比较常见，从苗期至采收期再到贮藏期都可能引发，同样是对叶片、叶柄与茎秆造成危害。此外，还对植株的根部造成影响，严重时使整个根部变黑、腐烂。

防治方法：发病初期，选用20%噻菌铜悬乳剂800倍液、77%氢氧化铜可湿性粉剂1000倍液、72.2%霜霉威盐酸盐水溶性液剂1000倍液等交替防治，隔7～10天喷施1次，连续喷施3～4次。

## 4.软腐病

发生在田间或贮藏期，主要对肉质根产生危害，肉质根组织软化，呈灰褐色，流出恶臭的液体，而茎叶逐渐变黄并萎蔫。

防治方法：发病初期，选用 72% 农用硫酸链霉素可湿性粉剂 4000 倍液、50% 代森锰锌 500 ~ 600 倍液等防治，隔 7 ~ 10 天喷施 1 次，连续喷施 2 次。

## 5. 根结线虫病

危害根部，使根部长满瘤子，导致根部分叉，地上部分表现发黄、矮小、生长衰弱等营养不良症状。

防治方法：发病初期，用 1.8% 阿维菌素乳油 1000 倍液灌根，每株灌 500 mL，隔 10 ~ 15 天灌根 1 次。

## 6. 霜霉病

用 0.3% 乙磷铝或百菌清拌种，还可选用甲霜灵、代森锰锌等药剂，防治时注意交替使用。

### （三）生理病害防治

栽培措施不当或管理不当，均易致使胡萝卜发生生理性病害，常见的有裂根、分叉、出现糠心、出现黑色斑和出现"青头"，以及发生胡萝卜根瘤病等。

## 1. 裂根

在胡萝卜生长后期较为常见，主要由土壤水分供应不均引起，表现为其肉质根开裂，内部组织外露，以纵裂居多。该病的发生不仅会降低产量和商品性，还会导致胡萝卜不耐贮存，易发生软腐病。

防治方法：保证土壤随时保持湿润，以此保证土壤对作物的供水均衡，特别是在肉质根膨大期。

## 2. 分叉

又称为歧根，主根生长发育受阻（如石块、瓦砾等硬物阻碍根部生长），或者施用未腐熟的有机肥、过量施用化学肥料，致使根受伤而产生分叉；也可能是病虫害危害胡萝卜主根生长点，促进侧根生长膨大而形成分叉，导致胡萝卜商品性降低，影响生产者收入。

防治方法：用新种子播种，增加生长势；深耕土地，高畦栽培，除去石块等影响主根下扎的障碍物；施用充分腐熟的有机肥，合理施肥。

## 3. 糠心

又称为空心，因胡萝卜肉质根中心部分干枯失水，得不到及时补充而形成。主要是由生长前期过湿，后期干旱所致；氮肥施用过多，早期抽薹，贮运时高温干燥亦会导致糠心。

防治方法：选择适宜的栽培品种，保证生育前后期供水均衡、合理施肥及良好的贮存环境。

## 4. 黑色斑

在胡萝卜肉质根侧根及根原基着生处表皮上出现黑褐色、龟裂的长梭形横纹，横纹不深入内部，因此不影响其内在品质，但商品性明显降低。目前尚不清楚具体防治方法，需要进一步研究。

## 5. "青头"

表现为胡萝卜根茎连接处颜色较青，由根部未完全被土覆盖，阳光灼晒而引起。青色部分口感较差，使其商品性降低。

防治方法：在日常管理中如发现根部露出地面，及时培土即可。

## 6. 胡萝卜根瘤病

表现为胡萝卜根上长出褐色疙瘩。

防治方法：可用 10% 噻唑磷颗粒剂（2 kg/ 亩）兑水灌根防治。

此外，若田间石块、瓦砾等较多，易引起胡萝卜根部弯曲；田间肥水严重不足，也易产生较多须根，影响其产量及商品性。

# 六、适时采收

胡萝卜在日常食用及加工贮藏过程中，为了控制胡萝卜中营养物质的流失，应避免发生一系列的生理和形态变化，如糖心、发霉、长根或发白等，从而严重影响其食用和加工品质。因此，可以通过调节贮藏条件、优化包装和使用化学试剂等方法来改善，但加工成本较高，所以市场上一般以室温贮藏居多。良好的贮藏措施，能使生产者在市场淡期获得较高的经济效益，大大提升胡萝卜生产者的积极性。

夏季上市的胡萝卜不能用塑料袋包装，采收后要马上放置于通风、低温处，防止因温度过高而造成产品腐烂。秋季胡萝卜在多数植株心叶变黄绿、外叶枯黄，肉质根充分肥大，外表饱满，表皮光滑，肉质根尖圆满，口感甜，无纤维时，就可进行人工或机械采收。选择一天中温度最低的时间采收，雨天不能采收，淋过雨的胡萝卜不宜贮藏。采收的胡萝卜应刮去萝卜盘茎部的生长点（留做种子的胡萝卜，则不做此处理），处理的目的是防止胡萝卜发芽、产生糠心。胡萝卜易腐坏且具有季节性，需要良好的贮藏方法或者利用其他方法使其价值最大化。目前生产上的贮藏方法主要有沟藏法、窖藏法、塑料袋小包装贮藏法、塑料薄膜贮藏法和竹筐沙贮藏法等。

# 第六节　莴笋春夏错季栽培技术

莴笋，又名莴苣，属于菊科草本植物，是一种食用肉茎的蔬菜，由叶用莴苣选择培育而来，莴笋的肉质嫩，可用多种方式烹饪，其中含有的莴笋素，能增强胃液，刺激消化，增进食欲，并伴有镇痛和催眠的作用。

## 一、主要特征特性

莴笋为一年或二年生草本植物，高 25 ~ 100 cm。根垂直直伸，茎直立，单生，随着植株的旺盛生长，短缩茎逐渐伸长和膨大，而在花芽分化后，茎叶继续扩展，形成粗壮的肉质茎。由于其根系发达，再生能力强，育苗移栽容易成活，移栽后根系浅而密集，多分布在深20 ~ 30 cm 的表土层内。

## 二、对环境条件的要求

莴笋为高温型长日照、半耐寒性蔬菜，喜凉爽，不耐霜冻，怕高温，在炎热的夏季生长不良。在 4 ℃时即可发芽，但速度较慢；在 15 ~ 20 ℃时最适合发芽，速度快；进入幼苗期后，对温度适应性较强，最适为 12 ~ 20 ℃，既可耐 –3 ~ 5 ℃的低温，也可耐 24 ℃的高温，温度达 40 ℃时幼苗受灼伤而倒苗。茎叶生长的最适温度白天为 11 ~ 18 ℃，夜晚为 10 ~ 15 ℃。温度达 24 ℃以上，易因过早抽薹而减产；如遇 0 ℃以下，茎叶受冻。

## 三、类型及品种

### （一）类型

根据栽种的时间不同，莴笋可以分为春夏莴笋和夏莴笋。春夏莴笋的播种期一般以冬季或初春为主，10 月中旬至 11 月上旬播种，11 月下旬至 12 月中旬定植，生长期为 100 ~ 150天，次年 3—5 月上市。夏莴笋的播种期一般以春季或初夏为主，3 月下旬播种，4 月下旬定植，生长期为 60 ~ 80 天，6 月上旬上市。

### （二）品种

春夏莴笋以早熟丰产型品种为主，如挂丝红、白甲莴笋、罗汉莴笋、江南太阳红、永安飞桥等。

夏莴笋宜选择耐热性强、对日照反应不敏感、不易抽薹的品种，如春都 3 号、耐热 3号、高原明珠、根根香、竹叶青、青一色等。

另外，现在市场上有一种肉质青绿的品种较为畅销。

## 四、栽培技术

### （一）播种育苗

#### 1. 配制营养土

取未种过瓜菜的肥沃表土，掺入 1/3 腐熟的、过筛的农家肥，每平方米土中加入 1.5 kg 硫酸钾复合肥，将土、肥混匀，装入 10 cm×10 cm 营养钵中。

#### 2. 种子处理

播种前应通过风选或水选除去瘪籽。冬春育苗可用干种子直播，也可浸种催芽后播种，当育苗气温超过 24 ℃时，将种子放置在 2～5 ℃的冰箱内低温处理，每天翻动 1 次，出芽后即可播种。播种前看床土干湿情况浇透底水，将种子与沙或细土混匀，均匀撒播于厢面，盖上细土，再盖上遮阳网以防止雨水冲刷（早春应覆盖薄膜保温），保持土壤湿润。观察出苗情况。

### （二）整地定植

大田种植，每亩莴笋需要准备种子 30 g 左右。应选择有机质含量高、地势高、土壤疏松肥沃、通风向阳、排水良好、微酸性的地块，同时要尽量避免使用前茬种植莴笋的地块。

播种前 7～10 天，每亩撒施 1000～1500 kg 腐熟农家肥、25 kg 复合肥、2 kg 生石灰、1 kg 敌克松或多菌灵，然后翻耕、耙平、整细，做成高厢，厢面宽为 1.2～1.5 m，沟宽为 0.4 m，浇透水，用辛硫磷喷于苗床厢面，盖膜闷 5～6 天让其充分发酵及杀虫、杀菌等。然后打开通风 2～3 天，并翻动土壤，使药液完全挥发后再播种。

春季掏厢应按 1.5 m 开厢（含沟），厢面宽为 1.10～1.15 m，沟宽为 35～40 cm，沟深为 25～30 cm（沟深以达到不积水，下雨天雨停则水干的效果为度）。喷芽前除草剂后盖膜，移栽时每厢栽 3 行，株距 30 cm 左右，每亩栽 4000～4500 株。

秋季掏厢可按 2 m 开厢（含沟），厢面宽为 1.60～1.65 m，沟宽为 35～40 cm，沟深为 25～30 cm（沟深以达到不积水，下雨天雨停则水干的效果为度）。喷芽前除草剂后盖膜，移栽时每厢栽 5 行，株距 33 cm 左右，每亩栽 5000～6000 株。

### （三）田间管理

#### 1. 移栽

移栽前 1～2 天苗床内集中喷 1 次杀虫药（如氯氟氰菊酯）和杀菌剂（如百菌清或多菌灵）。移栽最好选择晴天下午或阴天进行，移栽时应注意：①秧苗带土移栽，破膜时破口的直径为 10 cm 左右；②每窝只栽 1 株，盖土只能压着根，不能压着根茎，否则缓苗慢；③移栽后用土封好破口，及时浇定根水。

## 2. 科学施肥

成活后第一次追肥，用清粪水（1 挑清水 +2 勺粪水 +50 g 尿素）灌根；在莲座期第二次追肥，用清粪水加复合肥水溶液（每亩提前 2 天将 15 ~ 20 kg 复合肥浸泡于 50 kg 水中，泡好后，每 50 kg 清水 +4 L 粪水 +1 kg 复合肥水液 +50 g 尿素）灌根；当苗高 30 cm 时第三次追肥，每亩追尿素 10 kg；当肉质茎开始膨大时第四次追肥，每亩追尿素 15 kg，并结合叶面追肥喷施 0.3% 磷酸二氢钾，为了防止开裂可用硼肥进行喷雾。（注意：严禁使用硝态氮肥，整个生长期纯氮不能超过 18 kg，折合尿素 39 kg。）

另外，为了控制抽薹，在定植成活后 20 天和 35 天各喷 1 次矮壮素，促进植株叶片生长，使嫩茎粗壮。栽植后因浇水、降雨造成土壤板结，应及时中耕蹲苗，一般在施肥、浇水前中耕除草，封行以后不再中耕。

（建议不打脚叶，因为会影响商品性状。）

## （四）采收标准

莴笋的采收，以植株顶端与最高叶片的叶尖相平（心叶与外叶平）时为最适采收期。过早采收，影响产量；过迟采收，因易抽薹开花而空心，影响品质。收获前 20 天，禁止使用化学氮肥。严格执行农药安全间隔期 15 天的规定。采收后，除去下部 2/3 的叶片，削平笋头。防止在清洗、分级包装、运输过程中造成二次污染。

# 五、病虫害防治

莴笋病虫害防治坚持"以防为主，综合防治"原则，可采用选择良种，合理轮作，合理密植，加强田间管理，清洁田园，培育无病虫壮苗，以及利用害虫的趋避性将其驱赶或诱杀，或利用生物防治以虫治虫、以菌治虫等方式。

## （一）主要虫害防治

莴笋虫害以蚜虫为主，蚜虫为萝卜蚜。

防治方法：①可用黄板诱杀；②在始发期，选用 5% 吡虫啉可湿性粉剂 1000 ~ 1500 倍液、50% 抗蚜威可湿性粉剂 1000 ~ 1500 倍液、2.5% 氯氟氰菊酯乳油 3000 倍液等防治，每隔 7 天交替喷施 1 次。

## （二）主要病害防治

### 1. 霜霉病

症状表现：主要危害叶片，由植株下部老叶逐渐向上蔓延。最初叶上产生褪绿色斑，扩大后呈多角形淡黄色斑。湿度大时，叶背病斑长出白色霜状霉层，后期病斑枯死变为黄褐色并连接成片，致全叶枯死。

防治方法：夏秋正是多雨时节，应及时排水；干旱时忌大水长时间漫灌；实行合理轮作；改善通风条件，降低空气相对湿度和土壤水分等，均可减轻霜霉病危害。发病前，用波尔多液喷施防治；发病后，选用75%百菌清可湿性粉剂600倍液、95%霜霉灵可湿性粉剂500倍液、64%恶霜灵·锰锌可湿性粉剂500倍液、25%甲霜灵可湿性粉剂800倍液等交替喷施防治。

### 2. 灰霉病

症状表现：危害叶片和茎，叶片病斑初呈水浸状，扩大后呈不规则形灰褐色斑，湿度大时病部产生一层灰霉。茎部染病时，先在基部产生水浸状小斑，扩大后茎基部腐烂并产生灰褐色或灰绿色霉层。高温干燥时，病株逐渐干枯死亡；潮湿条件下，病株从基部向上溃烂。

防治方法：发病初期，选用50%溶菌灵可湿性粉剂600～700倍液、50%甲霜灵可湿性粉剂600～800倍液、50%腐霉利可湿性粉剂1500倍液、40%菌核净悬浮剂1200倍液、65%万霉灵可湿性粉剂1000倍液等防治，各药剂交替使用。视病情隔7～10天喷施1次，连续喷施3～4次。

### 3. 菌核病

症状表现：该菌主要危害茎基部。染病部位呈褐色水渍状腐烂，湿度大时，表面密生棉絮状白色菌丝体，后形成菌核。菌核初为白色，逐渐变成鼠粪状黑色颗粒。病株叶片凋萎致全株枯死。

防治方法：选用抗病品种；实行轮作，合理密植，合理施肥，注意排水；改善通风透光条件。发病初期，选用20%甲基立枯磷乳油1000倍、50%腐霉利可湿性粉剂1500倍液、50%异菌脲可湿性粉剂1000倍液、50%溶菌灵可湿性粉剂800倍液、70%甲基硫菌灵可湿性粉剂700倍液等防治，各种药剂交替使用。隔7～10天喷施1次，连续喷施3～4次。

### 4. 软腐病

症状表现：主要分根腐和茎基腐两种类型。根腐型，根部被小核盘菌侵染后，在茎基部产生繁茂的白色菌丝，逐渐形成很多白色小颗粒，其上溢有小水滴，后小颗粒变为黑色菌核，有时很多菌核结成块状，根部腐烂；茎基腐型，主要侵染茎基，初茎基部发生病变，幼嫩莴笋染病，植株下部菌丝向上扩生，速度快，病株迅速软腐倒伏。

防治方法：发病初期，选用50%甲基硫菌灵·硫黄悬浮剂700倍液、50%异菌脲可湿性粉剂1000倍液、50%腐霉利可湿性粉剂1500倍液、40%菌核净可湿性粉剂500倍液、20%甲基立枯磷乳油1000倍液等防治，各种药剂交替使用。隔7～10天喷施1次，连续喷施3～4次。

### 5. 病毒病

症状表现：染病后一般表现为出现花叶，严重的矮缩并黄化。

防治方法：以防为主。生长前期可施用诱抗剂，如氨基寡糖素等；生长后期要注意防治蚜虫，用 50% 抗蚜威可湿性粉剂 2000～3000 倍液防治，隔 7～10 天喷施 1 次，连续喷施 3～4 次。

# 第七节　生菜春夏错季栽培技术

生菜是叶用莴苣的俗称，属菊科莴苣属，为一年或二年生草本作物，也是欧美国家的大众蔬菜，深受人们喜爱。生菜原产欧洲地中海沿岸，由野生种驯化而来。生菜富含维生素、烟酸、叶酸、矿物质和膳食纤维，生食清脆爽口，特别鲜嫩，具有清热、消炎的作用；其茎叶中含有莴苣素，故味微苦，具有镇痛催眠、降低胆固醇、辅助治疗神经衰弱等功效，还含有甘露醇等有效成分，有利尿和促进血液循环的作用；生菜含热量低，有利于减肥；生菜对于胆汁的形成也有促进作用，并且可以为血液消毒。

## 一、主要特征特性

生菜属一年或二年生草本植物，高 25 ~ 100 cm。根垂直直伸。茎直立，单生，上部圆锥状花序分枝，全部茎枝白色。基生叶及下部茎叶大，不分裂，倒披针形、椭圆形或椭圆状倒披针形，长 6 ~ 15 cm，宽 1.5 ~ 6.5 cm，顶端急尖、短渐尖或圆形，无柄，基部心形或箭头状半抱茎，边缘波状或有细锯齿，向上的渐小，与基生叶及下部茎叶同形或披针形，圆锥花序分枝下部的叶及圆锥花序分枝上的叶极小，卵状心形，无柄，基部心形或箭头状抱茎，边缘全缘，全部叶两面无毛。

## 二、对环境条件的要求

生菜属半耐寒性蔬菜，喜温和、凉爽的气候，既不耐炎热，又怕严寒。种子在 4 ℃以上可发芽，以 15 ~ 20 ℃为发芽适宜温度，30 ℃以上发芽受抑制。幼苗生长的适宜温度为 16 ~ 20 ℃，叶球生长最适温度为 13 ~ 16 ℃，超过 25 ℃则生长不良。有些品种具有光敏感性，虽未经低温，在长日照条件下也能引起先期抽薹，这是生产上应该注意避免的。结球生菜为长日照作物，光线不足易导致结球不整齐或结球松散。

生菜因其根系浅，叶面积大，不耐干旱，以土层疏松透气、富含有机质、保水能力强、保肥能力强、排灌方便、微酸性的壤土或砂壤土最为适宜种植。在整个生长期，生菜对土壤湿度和空气相对湿度都有较高要求，干旱时生长缓慢，品质差，产量低，但若土壤中水分过多或空气相对湿度较高，又极易引起软腐病，且若田间积水，会使根系窒息，严重的发生沤根。生菜生长期短，以叶为产品，对氮肥需求量大，生长后期更甚，但由于生菜容易积累硝酸盐，务必严格控制氮肥的施用。

# 三、类型和品种

## （一）类型

生菜按颜色可分为绿叶生菜、白叶生菜、紫叶生菜和红叶生菜。绿叶生菜纤维素多；白叶生菜叶片薄；紫叶生菜、红叶生菜色泽鲜艳，质地鲜嫩。生产上按生菜形态不同又可分为散叶生菜、半结球生菜、结球生菜3种类型。

### 1. 散叶生菜

散叶生菜又可细分为圆叶生菜、尖叶生菜（俗称油麦菜）、皱叶生菜3种类型。其中，皱叶生菜叶面皱缩，叶缘深裂，不结球。皱叶生菜按叶色可分为绿叶皱叶生菜和紫叶皱叶生菜。目前生产上使用较优良的散叶生菜品种有美国大速生、生菜王、玻璃生菜、紫叶生菜、香油麦菜等。

### 2. 半结球生菜

半结球生菜又可细分为脆叶生菜、软叶生菜（俗称奶油生菜）2种类型。半结球生菜品种有意大利生菜、抗寒奶油生菜等。

### 3. 结球生菜

结球生菜形成叶球，叶球呈圆球形或扁圆球形等。结球生菜按叶片质地分为绵叶结球生菜和脆叶结球生菜。绵叶结球生菜叶片薄，色黄绿，质地绵软，叶球小，耐挤压，耐运输。脆叶结球生菜叶片质地脆嫩，色绿，叶中肋肥大，包球不紧，易折断，不耐挤压和运输。代表品种有皇帝、凯撒、玛来克、将军、萨林娜斯、大湖、东方福星、皇后、奥林匹亚等。

## （二）夏季品种选择与品种介绍

优选丰产、抗病、适应性强、商品性好的优良品种。由于夏季气温高，湿度大，病害较为严重，夏季栽培宜选择抗病、耐热、耐抽薹、优质、高产的品种，如意大利生菜、玻璃生菜、香油麦菜、菊花生菜、美国奶油生菜、皇后、凯撒奥林匹亚、萨林娜斯、大总统生菜、东方红、花叶生菜等。

### 1. 意大利生菜

生育期60天，叶片较直立、绿色，品质脆嫩，味香。植株生长势强，抗病性强，丰产性好，商品性高，适应性广，耐热性强，不易抽薹。单株重230～300 g，亩产量约3800 kg。

### 2. 玻璃生菜

生育期50天，皱叶型生菜。植株紧凑，叶片多皱，叶缘波状，叶色嫩绿，品质极佳。该品种适应性强，耐热耐寒。单株重220～300 g，亩产量约3600 kg。

## 3. 香油麦菜

生育期 70 天，株高 30 cm 左右，开展度 25 ~ 30 cm，叶披针形、绿色，品质细嫩，生食清脆爽口，熟食具有香米型香味，耐寒性、耐热性均比较强。单株重 220 ~ 250 g，亩产量约 3000 kg。

## 4. 菊花生菜

生育期 60 天，叶色绿，品质脆嫩，抗病性强，适应性广，耐热耐寒，不易抽薹。单株重 220 ~ 300 g，亩产量约 3500 kg。

## 5. 美国奶油生菜

生育期 60 天，叶色淡绿，品质好，生长势强，较耐热，结球较紧实。单株重 250 ~ 320 g，亩产量约 4000 kg。

## 6. 皇后

美国引进的结球生菜品种。生育期 85 天，中早熟，生长整齐，外叶色深绿，叶片中等大小，叶缘有缺刻；叶球中等大小，结球紧实，风味佳，抽薹晚，较抗生菜花叶病毒病和顶端灼烧病。适合春季、秋季露地栽培及大棚栽培，单株重 500 ~ 600 g。

## 7. 凯撒

引自日本。生育期 80 天，极早熟，定植后约 40 天可开始采收。株型紧凑，生长整齐，叶球高圆形，抗病性强，耐热，抽薹晚，适合春季、秋季、夏季露栽培，及保护地栽培。单球重 0.4 ~ 0.5 kg，亩产量 1500 ~ 2000 kg。

## 8. 奥林匹亚

引自日本。极早熟，定植后约 40 天可第一次采收。外叶较小且少，叶片浅绿色，叶缘缺刻较多，叶球浅黄绿色，结球紧实，质脆。耐热性强，抽薹极晚，可夏季露地栽培，是适宜夏季栽培的专用品种。播种期 4—7 月，收获期为 6 月中旬至 10 月。种植株行距为 25 cm，单球重 0.4 ~ 0.5 kg，亩产量 3000 ~ 4000 kg。

## 9. 萨林娜斯

引自美国，耐运输品种。早熟，定植后 45 天可收获。外叶暗深绿色，叶缘波状粗锯齿，叶球绿白色，圆球形，结球紧实，品质脆嫩，抗霜霉病和顶端灼烧病，对大叶脉病忍耐力强，抽薹晚，除适合春秋季节栽培外，在高寒地区还可夏季栽培。单球重 0.5 kg，一般亩产量 3800 ~ 4000 kg。

## 10. 大总统生菜

引自日本。早熟，耐热性强，晚抽薹。秋季定植后 40 天开始采收，春季定植后 45 天开始采收，夏季直播后 70 天采收。外叶浅绿色，叶面皱纹中等，叶球浅绿色，结球紧实，栽培容易，适合各种类型栽培。单球重 0.5 kg，亩产量约 2600 kg。

## 11. 东方红

属紫叶生菜，引自日本。植株较大，散叶，叶片较大，色泽光亮，随着日照加强，红色逐渐加深，后变成紫红色。该品种较耐抽薹，喜光，较耐热，定植后 45 天可收获，亩产量约 1500 kg。春季、秋季露地栽培及冬季保护地栽培。

## 12. 花叶生菜

又名苦苣。品质较好，有苦味，适应性强，较耐热，病虫害少，生育期 70 ~ 80 天。叶簇半直立，株高 25 cm，开展度 26 ~ 30 cm。叶长卵圆形，叶缘缺刻深，并上下曲折呈鸡冠状，外叶绿色，心叶浅绿色，渐直后变，黄白色；中肋浅绿色，基部白色。适合春季、夏季、秋季露地栽培及保护地栽培，单株重 500 g 左右。

# 四、栽培技术

## （一）播种育苗

### 1. 播种期选择

生菜是喜凉、耐肥的忌高温蔬菜，适宜生长温度为 15 ~ 25 ℃，春季低于 10 ℃时使用拱棚，夏季高温时采用遮阳网等手段调控温度。

### 2. 种子处理

除高温季节外，播种前，一般不需要处理种子；而在 7—8 月播种，种子发芽困难，为了促进发芽，种子须进行低温催芽（用清水浸种 4 h 后，将种子置于冰箱或水井内，在 5 ~ 10 ℃低温条件下每天淘洗 1 ~ 2 次，经 2 ~ 3 天当 80% 种子露白时即可播种）；也可用赤霉素催芽，即用浓度 300 mg/L 赤霉素浸种 2 ~ 4 h，捞出淘洗 1 ~ 2 次，阴干后播种，生菜种子休眠 2 ~ 3 天后即可出芽。

### 3. 苗期管理

床土配制：10 m² 苗床用腐熟的有机肥 10 kg、硫酸铵 0.3 kg、过磷酸钙 0.5 kg、硫酸钾 0.2 kg，充分混合均匀后铺平耙细。

苗床土消毒：每平方米苗床用 25% 甲霜灵 9 g + 70% 代森锰锌 1 g + 细干土 4 ~ 5 kg 混匀，取 1/3 药土撒入苗床，另 2/3 药土待播种后盖在种子上面。

### 4. 注意事项

播种前先对苗床浇足底水。将种子与等量湿细沙子混匀后撒播，覆土 0.5 cm 左右。夏季露地育苗，注意用遮阳网覆盖，遮阳防雨，降温保湿，防暴雨冲刷。每天喷水 2 ~ 3 次，使土壤湿润。整个苗期要防止高温导致细高脚苗和干旱条件下形成的小子叶短胚轴的僵化苗。播种时要稀播，以免幼苗拥挤而导致徒长。一般每平方米苗床用种 3 g，种植亩用种量约需 50 g。当幼苗生长拥挤时，可适当匀苗 1 ~ 2 次，以不影响幼苗生长为度。培育矮壮苗可控制抽薹，这是春夏叶用莴苣栽培的重要措施之一。在出苗2周后和移栽前，用15%多效唑可湿性粉剂1000倍液或350 ppm的矮壮素各喷1次，对防止徒长和控制抽薹有重要作用。为防苗期病害，可喷1~2次600倍75%百菌清药液。移栽期一般掌握在出苗后25~30天，长至4~6片真叶时定植。

## （二）整地定植

由于叶用莴苣的根群不深，应选用土质肥沃和保水、保肥能力强的土壤栽培。定植前先整地作厢，结合翻耕，每亩施用腐熟有机肥料2000~2500 kg、复合肥50 kg。肥料不足，植株生长不良，易先期抽薹。

早熟品种株行距23 cm×23 cm，厢面宽1.3~1.6 m，栽植6~7行；晚熟品种株行距26 cm×33 cm，厢面宽1.3~1.6 m，栽植5~6行。每亩栽7000~12000株。

移栽应选在阴天或晴天傍晚进行。移栽前，苗床先浇足底水，以利于拔苗带土，提高移栽成活率。

## （三）田间管理

### 1. 合理施用追肥

叶用莴苣叶片生长快，追肥应以铵态氮肥为主，配合施用磷肥、钾肥。追肥次数根据生长情况及采收期而定，一般不超过3次。定植成活后，施1次腐熟的清粪水（沼液），用来提苗；7天后，第二次追肥，每亩追施腐熟的清粪水（沼液）加尿素6 kg，促进根系和叶片生长；再隔7天，第三次追肥，每亩追施10 kg尿素。同时，结合叶面喷施0.3~0.5%磷酸二氢钾1~2次。一般在采收前20天停止追肥。叶用莴苣是容易积累硝酸盐的蔬菜，要严格掌握氮肥用量，在整个生育期内一般每亩施用纯氮不得超过8 kg（折合尿素17 kg）。

为了控制抽薹，在定植成活后20天，喷1次15%多效唑可湿性粉剂1000倍液或将10 mL 40%的矮壮素加水11.5 L稀释后喷用。为防止土壤板结，一般在前期施肥浇水前要中耕锄草，封行后不再中耕。

### 2. 水分调控

叶用莴苣生长前期要保持充足的水分，以保证叶片旺盛生长。生长中后期如遇高温干旱，也应保持土壤湿润（特别是结球莴苣），有利于结球。同时叶用莴苣又怕水涝，所以厢内不可积水，大雨后应及时排水。在生长后期要适当控水，以免发生软腐病，造成烂球。一般在采收前4天停止浇水。

## （四）采收及采后处理

从定植到采收一般要25~40天，到时应及时采收。过早采收产量低；过晚采收容易抽薹或发生病害，影响产量和品质。最适的采收时期是叶球充分长大，叶绿叶厚的脆嫩期。采收以用手轻压叶球，手感坚实不松，有一定的承受力，叶球的松紧度适中为最好。采收严格执行农药安全间隔期的规定，并防止二次污染。收获时将植株自地面割下，去根、剥除老叶，留 3 ~ 4 片外叶保护叶球，或剥除所有外叶，用聚苯乙烯薄膜进行单球包装，分级，并及时转入冷藏车厢运出销售，贮运适宜温度为 1 ~ 5 ℃。结球生菜的含水量高，组织脆嫩，在常温下仅能保鲜 1 ~ 2 天，在温度 0 ℃、空气相对湿度 95% ~ 100% 的条件下可保鲜 14 天，但重量将减少约 15%。

# 五、病虫害防治

## （一）主要虫害防治

蚜虫等叶上害虫，可采用药剂喷施防治，但应在结球前使用，以免防治过晚造成叶片污染。最好使用植物性农药，如"护卫鸟"，即 0.5% 藜芦碱纯溶液 2000 ~ 3000 倍液，杀虫效力较高，且无残留农药。化学农药宜选用低毒高效农药，如一遍净，即 2.5% 吡虫啉防治效果较好，也可用 50% 抗蚜威 2000 ~ 3000 倍液等进行防治。喷施农药后，必须在安全间隔期后才能上市。

## （二）主要病害防治

### 1. 病毒病

病毒病是生菜常发病，分布广泛，露地栽培危害重，发病率可达 60%，甚至更高。

防治方法：①选用抗病耐热品种，一般散叶型品种较结球品种抗病；②及时防治蚜虫，减少病毒传播，控制病害发展，选用艾美乐、辟蚜雾等进行防治；③发病初期可施用诱抗剂，如氨基寡糖素、芸苔素内酯等，或用 8% 宁南霉素 800 ~ 1000 倍液，隔 7 ~ 10 天喷施 1 次，连续喷施 3 ~ 4 次。

### 2. 软腐病

保护地、露地都可发生，以露地栽培发病重，严重地块损失 50% 以上。

防治方法：①高垄栽培，施用充分腐熟的农家肥，适期播种，高温季节种植选用遮阳网防晒；②浇水或降雨后注意随时排水，避免田间积水，发现病珠及早拔除并深埋；③发病初期，选用 50% 甲基硫菌灵·硫黄悬浮剂 700 倍液、50% 异菌脲可湿性粉剂 1000 倍液、50% 腐霉利可湿性粉剂 1500 倍液、50% 乙烯菌核利可湿性粉剂 1500 倍液、40% 菌核净可湿性粉剂 500 倍液、20% 甲基立枯磷乳油 1000 倍液等防治，隔 7 ~ 10 天喷施 1 次，连续喷施 3 ~ 4 次。

### 3. 霜霉病

主要危害叶片。多于下部、外部叶片先发病，向全株叶片蔓延。叶片上生淡黄色近圆形或多角形病斑，潮湿时叶背病斑上长出白色霜状霉，后期病斑枯死变为黄褐色并连接成片，导致全叶变黄枯死。

防治方法：①选用抗病品种，如红皮莴苣、万年、玛来克、尖叶子、青麻叶莴苣；②高垄高畦栽培，合理密植，注意中耕松土，切忌大水漫灌，注意排水，降低田间湿度；③重病田应与非菊科蔬菜实行 2 ~ 3 年轮作；④发现中心病株，及时摘除病叶深埋，随后清洁田园；⑤发病前用波尔多液防治，发病后选用 75% 百菌清可湿性粉剂 600 倍液、95% 霜霉灵 500 倍液、64% 恶霜灵·锰锌 500 倍液、25% 甲霜灵 800 倍液等交替喷施。

### 4. 菌核病

菌核病主要侵染茎基部，染病部位出现不定形、湿润状、褪色的病斑，病斑迅速扩大，颜色变黑褐色，病部变软并逐渐腐烂，严重时整株萎蔫枯死。在湿度大时病部表面先长出白色棉絮状菌丝，后集结成团并转为灰褐色至黑色，硬度加大，不定形似鼠粪贴附在病部表面，这种称为菌核。平均温度 20 ℃左右，空气相对湿度大于 85%，有利于发病。连作地、菜田地势低、种植过密、偏施重施氮肥等发病都较重。

防治方法：①选用无病种子，从无病株留种，若种子混有菌核，可用过筛法或 10% 食盐水浸种汰除，清水洗净后播种。②加强耕作管理，与水稻轮作可减少大量菌源；播种前清园，翻晒土壤，提高和整平畦面以利于灌排；勤除杂草，及时清除病叶、残叶、老叶以利于通风降湿；发现病株，立即拔除并撒少量生石灰；勿偏施重施速效氮肥，适当增施磷钾肥。③发病初期，选用 50% 腐霉利可湿性粉剂 1500 倍液、40% 菌核净可湿性粉剂 1000 倍液、50% 多菌灵可湿性粉剂 600 ~ 800 倍液、70% 甲基托布津可湿性粉剂 800 ~ 1000 倍液等防治，隔 7 ~ 10 天喷施 1 次，连续喷施 2 ~ 3 次。

# 第八节　芹菜春夏错季栽培技术

芹菜为伞形科药食同源蔬菜，其叶、叶柄和根（根用芹菜）中含有丰富的黄酮类物质，对降血压、降血脂有一定的效果。芹菜为冷凉型蔬菜，适应性较强，一般在冬春季栽培生长。我国芹菜每年栽培面积约为 825 万亩，产量约为 2000 万 t。春夏错季芹菜种植的关键在于选择耐热品种，其特点是高温下生长速度快，需水量大，可保证芹菜夏秋季短缺市场的需求。

## 一、主要特征特性

芹菜主要食用部位为其地上幼嫩的叶片和叶柄。我国芹菜地方品种的膳食纤维含量相对较高，香味较为浓郁。地方品种通常植株较小，叶柄细长、多空心；伞形花序，花小、两性，通常为白色；种子细小，呈颗粒状，且含有大量的黄酮类等抑制种子发芽的物质，因此栽培上常须进行适当的种子处理。

## 二、对环境条件的要求

芹菜喜冷凉湿润气候，耐旱，耐贫瘠，适宜在贵州山区栽培。芹菜在不同海拔地区的栽培时间略有不同，海拔越高，栽培开始时间越晚，生长期也越短。芹菜栽培最适温度为 15 ~ 20 ℃，28 ℃及以上时芹菜生长发育受到限制。夏秋季栽培芹菜，除了注意降温外，还应注意雨季及病虫防治（见下述"病虫害防治"部分）。

芹菜根系浅，不耐涝，也不耐旱，但喜肥。因此，应选择地势较高、排灌方便、土质疏松、土壤肥沃的砂壤土作育苗床。育苗床每亩需 3000 kg 有机肥 + 40 kg 左右复合肥，施用的有机肥应充分腐熟，育苗床达到土碎、厢平、床肥的标准。如育苗床病虫害较重，在播种前可喷施 10% 益舒丰颗粒剂 1000 倍液、50% 多菌灵可湿性粉剂 1500 倍液或 15% 恶霉灵水剂 1000 倍液防治。

## 三、类型及品种

目前，芹菜品种类型按照品种来源、食用器官、叶柄颜色、叶柄是否实心、栽培季节等的不同，可以分为本芹（附图中图 15）和西芹（附图中图 16），根用芹（附图中图 17）和叶用芹（附图中图 18），绿芹、黄芹、白芹、红芹（附图中图 19）和紫芹，空心芹和实心芹，冬芹、夏芹和四季芹。春夏季芹菜品种选择以耐热品种为主。适宜在春夏季栽培的品种主要有津南实芹 3 号、四季小香芹、夏芹等品种。

## 四、栽培技术

### （一）育苗技术

芹菜种子较小，发芽慢，苗期长，生产上以育苗移栽为主，以此缩短芹菜生长时间，减少田间管理成本，提高种植经济效益。

#### 1. 育苗时间

芹菜生长最适温度为 15～20 ℃，高于 28 ℃时生长发育受到限制，低于 10 ℃时芹菜可能出现先期抽薹。因各地气候差异较大，生产上主要有春季、夏季、秋季和冬季栽培。芹菜春季栽培在 1—2 月播种，夏季栽培在 3 月中旬到 5 月下旬播种，秋季栽培在 6 月上旬到 7 月中旬播种，冬季栽培在 8 月下旬到 9 月初播种。

#### 2. 种子处理

芹菜种子中含有大量的黄酮类物质和种子发芽抑制物，若播种前不对种子进行处理，芹菜则发芽慢、发芽不齐、苗期长（45～60 天）。为提高芹菜种子出苗率，保证有较好的整齐度，缩短出芽时间，通常用以下几种方法对芹菜种子进行处理：变温处理法、激素处理法、盐水处理法、聚乙二醇处理法和氧化型试剂处理法。

（1）变温处理法

将芹菜种子用清水浸泡 15～20 h，用手搓揉，再用清水淘洗 2～3 次除去杂物及发育不良的种子，用纱布包好，放在温度为 25 ℃左右的环境中 6～8 h 取出，再放在温度为 15 ℃左右的环境中 16～18 h。期间要经常淘洗种子并保持种子湿润。待种子有 1/3 露白时（需 7～10 天）播种。如想对芹菜种子进行病菌消毒，也可先用 45～50 ℃的热水浸泡种子 10～15 min，后用 20～30 ℃温水浸泡 4～6 h，再按上述变温处理法操作。

（2）激素处理法

激素处理芹菜种子的操作相对简单、成本较低，且效果明显。常用的激素有赤霉素、萘乙酸等，用量为赤霉素 600 mg/L，萘乙酸 120 mg/L。先将芹菜种子用清水浸泡 12 h，洗净，放入配好的激素液中 1 h，后放入室温培养箱中培养，待种子 1/3 露白时播种。

（3）盐水处理法

将种子洗净，取适量的盐配置成盐水（1.7～6.8 g/L），洗净的种子放入盐水中做浸泡处理，3～4 h 后可换 1 次盐水，待种子开始露白时，及时用清水清洗种子后播种。

（4）聚乙二醇处理法

用量为聚乙二醇 25 mg/L，种子浸泡 2 h 后，及时用清水清洗种子后播种。此法可使种子在较低温度下提前出土，出苗率高，幼苗健壮。

（5）氧化型试剂处理法

氧化型试剂不仅能缩短芹菜发芽时间及提高种子发芽率，还能作为消毒剂（如次氯酸钠、双氧水等）将芹菜种子中的一些病菌杀灭。但配制的浓度很关键，如用有效氯含量为 7.5% 或 10% 的商品次氯酸钠溶液，按照 1 份或 2 份溶液加 8 份或 9 份水的比例配成浸泡液，种子浸泡时间为30 min左右。过程中要不停摇晃种子，使溶液充分与种子混合，沥干种子，用清水清洗到清水不变色为止（5遍左右），然后播种。

### 3. 播种育苗

处理好的种子用细沙拌匀，撒播于苗床。播种量为每10 m² 苗床播种100 g。芹菜为需光种子，发芽需要一定的光照，因此可不盖土，更不能覆厚土。若夏季高温，春季低温，可在大棚设施内用基质育苗，1周左右出苗。基质育苗节约人力物力，育苗质量好，应大力提倡基质育苗。

苗床上搭遮阳网，降温、防晒、防暴雨。幼苗出齐后，可浇施1次腐熟的清粪水，随后隔10～15天，可追施1次薄肥，培育壮苗和促进芹菜幼苗生长。苗期主要注意芹菜猝倒病、立枯病和病毒病等苗期病害，防治方法见下述"病虫害防治"部分。

### 4. 苗床管理

播种后保持床土湿润。一般隔1～2天，在早晨或傍晚洒1次水，直到出苗时。出苗后不宜多浇水，保持床土湿度（以手轻握土壤成团、不散开为宜）。幼苗出真叶时间苗1次；出2片叶时再间苗1次，以苗距4 cm×2 cm留苗；幼苗长出3～4片叶时，适当控制浇水量，并开始炼苗，以促进根系发育；长出5～6片叶时移植。苗出齐后用腐熟的清粪水追第一次肥，以后隔10～15天追施1次，直到移栽前。

春季栽培育苗期气温较低，时有倒春寒，苗要注意增温保温，遇倒春寒天气可用遮阳网或草帘等覆盖保温。夏季栽培育苗期气温高、雨水多，苗床管理要以降温和防雨为主，必须搭建遮阳网，用以降温、防晒、防暴雨。

### 5. 移栽

无论是基质育苗，还是播种育苗，当芹菜苗长出5～6叶时，应当移栽。移栽最好在傍晚或阴天进行。移栽株行距为（10～12）cm×（15～18）cm，每穴栽2株，每亩栽1万株左右。移栽后缓慢浇定植水，避免大水冲土。移栽后的7～10天，每隔2～3天浇1次水。

### 6. 田间管理

芹菜移栽后10～15天时，用腐熟的清粪水浇1次；以后隔15～20天浇肥1次，共4～5次，以促进芹菜的生长发育，防止芹菜叶柄空心或者糠心。芹菜中后期，可以用0.25 kg/亩氯化钙和0.2 kg/亩硼砂兑50 L水喷洒于芹菜叶面，防治芹菜黑心病及芹菜开裂等生理病害。高温天气时，注意浇水及遮阴降温；雨季时注意及时排除积水，以免淹苗或湿度过大导致芹菜发病。若有杂草，应随时人工拔除。

### 7. 防止芹菜抽薹

芹菜植株在连续低温（10 ℃以下）一段时间后，便可进入抽薹阶段。选用营养生长旺盛及达到商品性所需时间短的芹菜品种，在低温来临前及时采收出售。同时加强肥水管理及时预防病虫草害，使植物健壮，促进其叶、叶柄或者根的生长，起到一定的预防抽薹的作用。还可在生长盛期每隔7～10天用30 mg赤霉素兑1 L水混合喷施芹菜，促进其生长，减缓和延迟抽薹。

## 8. 芹菜软化栽培方法

常规栽培的芹菜纤维素含量高，若因地制宜采用软化技术栽培，则可使其纤维素含量降低，食用器官(叶及叶柄)变得脆嫩，口感更好，更能提高芹菜质量和增加种植效益，因此，软化栽培是满足市场多样化产品需求的一种生产方式。软化栽培多在秋季进行，育苗、定植及田间管理与秋芹的大致相同。目前，芹菜软化栽培方法有自然软化法、培土软化法、围板软化法和移植软化法等。

（1）自然软化法

此法属于密植半遮阴软化栽培。秋播芹菜苗按照 7 cm×7 cm 的株行距丛植于施足基肥（一般用有机肥，如农家肥、绿肥和饼肥等；一般 3 t/亩，田薄者多施）的田间，每丛 3～4 株；在畦地四周培土 20～28 cm，用事先做好的遮阳网覆盖或用草苫、稻草、芦苇围立四周。在植株封行前中耕 2 次，并施 3 次速效氮肥，促进芹菜生长、分蘖。待叶片繁茂时覆盖顶部，使得芹菜叶片及叶柄在阴凉的黑暗环境中生长，进而使芹菜植株软化。

（2）培土软化法

当芹菜植株约 50 cm 高时培土。培土方法：用稻草将每行中临近几株芹菜捆绑在一起，然后在植株两旁（即行间）培土，拍紧土壤。第一次培土高 4 cm 左右，第二次培土高 6 cm 左右，如此隔 3 天左右培土，连续 5～6 次，直至培土高度为 20 cm 左右停止。培土时注意要让植株心叶露出，不要损伤芽及叶柄，以免影响植株生长。约 30 天，芹菜叶柄及心叶变为黄白色时，便可采收。

（3）围板软化法

芹菜行距按照 30～40 cm 种植。芹菜苗高 40～50 cm 时，先将植株底部叶片扶起，使其能在加板后向上生长，并使行间土壤露出。然后用 2 块长 1.7～3.5 m、宽 13～17 cm、厚 2～3 cm 的木板（或竹板、塑料板等）放在芹菜植株两边，用木桩固定，在 2 块板中间培土高 13～17 cm，避免植株受伤及土不进菜心，以免植株腐烂。早芹菜培土 1～2 次，约 30 天采收；晚芹菜适当增加培土次数，延长收获时间。

（4）移植软化法

此法来源于韭黄栽培，其原理与韭黄的一样。将长到成熟期的芹菜连根挖取，移植于窑洞或者事先准备好的软化室（大棚、小拱棚之类）中，整齐直立摆放，控制湿度与温度，无光照，待叶柄及心叶变黄白色时，便可出售。

此外，还有夹竹软化法和遮阴软化法，原理同上，可根据栽培条件选择适宜的处理方法。


　　附：贵州夏秋芹菜反季节栽培技术


## 1. 品种选择

夏秋季高温栽培芹菜，首先要选择耐高温及抗病虫能力强的芹菜品种。常见的芹菜品种主要有美国文图拉、美国犹他、意大利夏芹、津南实芹和贵州白杆芹等。

## 2. 苗床管理

方法同上述"苗床管理"部分。

### 3. 播种期

贵州夏秋反季节芹菜播种在3—5月，5—7月为芹菜移栽时期，7—10月出售。苗床上搭遮阳网，降温、防晒、防暴雨。幼苗出齐后，可浇施1次腐熟的清粪水，随后隔10～15天可追施1次薄肥，培育壮苗及促进芹菜幼苗生长。苗期主要注意芹菜猝倒病、立枯病和病毒病等病害，防治方法见下述"病虫害防治"部分。

### 4. 移栽

芹菜苗期生长慢，主要表现在4片叶期前，5～7片叶期后芹菜进入快速生长时期。为此，芹菜在5～6片叶期、高约为10 cm时移栽，苗期约需50天。移栽苗应健壮，不含病苗、弱苗及不全的苗，同一厢的苗应大小均匀一致。于傍晚或者阴天，将芹菜苗移栽于事先准备好的地块中，按照株行距（10～12）cm×（15～18）cm，每穴栽2株，每亩栽1万株左右。移栽时，注意不要使土壤覆盖芹菜心部，覆土要使植株稳住。移栽后，应缓慢浇定植水，避免大水冲土，伤害芹菜根部，致苗成活率降低。7～10天为芹菜移栽缓苗期，要注意每隔2～3天浇1次水，注意高温时应用遮阳网遮阴降温。

### 5. 移栽后田间管理

芹菜移栽成活后，10～15天时使用腐熟的清粪水，促进芹菜植株生长。以后隔15～20天追肥1次，共4～5次，促进芹菜生长发育，防止芹菜叶柄空心或者糠心。特别是在采收前20～30天，加强肥水供应。芹菜生长中后期，可以使用0.25 kg氯化钙和0.2 kg硼砂，用50 kg水配制好后喷洒芹菜叶面，以防芹菜黑心病及芹菜开裂等生理病害。高温时，注意浇水及遮阴降温；雨季或者降雨量大的时候，注意及时排除积水，以避免芹菜被淹及湿度过大，导致芹菜发病。芹菜发病后，应根据芹菜所发的病害，及时使用恰当的防治方法。芹菜枯叶、病虫害叶片、黄叶等应及时清理及处理掉。田间杂草发生时，适当地进行中耕除草。

### 6. 适时采收

夏秋季芹菜叶柄易发生纤维化和空心，一般芹菜定植50天左右就可以采收。采收时，要注意芹菜化学药剂防治病虫害的安全期。采收的芹菜，剔除黄叶、病叶，用无污染的清水清洗。

芹菜春夏和夏秋错季栽培，很大程度上弥补了芹菜在夏秋市场上的短缺现象，保证了芹菜一年四季的供应。芹菜品种的选择很重要，冬季、春季栽培选择耐寒品种，夏季、秋季栽培选择耐热品种。栽培技术上应大力提倡基质育苗、大棚育苗。栽培过程中，冬季注意保温保湿，夏季注意降温控水。此外，应加强芹菜病虫害的田间管理，及时采收，保证芹菜的商品性，提高种植户的经济利益，增加芹菜的市场效益。

# 五、病虫害防治

## （一）主要虫害防治

### 1. 蚜虫

蚜虫病害是设施栽培中经常遇见的虫害，主要危害芹菜叶片及幼嫩的心叶结构，发病植株叶片卷曲、皱缩。另外，蚜虫是传播病害的主要载体，栽培上要注意蚜虫危害。

防治方法：主要是做好田间的清理工作，阻断蚜虫越冬和越夏场所；发病的芹菜植株，选用 25% 吡虫啉乳油 1500 倍液、25% 啶虫脒乳油 3000 倍液、2.5% 高效氯氟氰菊酯乳油 2000 倍液、25% 吡虫啉可湿性粉剂 1000 倍液防治。

### 2. 银纹夜蛾

银纹夜蛾又称菜步虫或者透风虫，其幼虫啃食芹菜叶片，造成芹菜叶片孔洞缺刻。

防治方法：对田间病株、杂草等要及时清理，消灭虫窝；利用幼虫的假死性可摇动芹菜植株，使幼虫掉地，再集中消灭；发病时，选用 50% 辛硫磷乳油 2000 倍液、20% 氰戊菊酯乳油 2000 倍液等防治。

### 3. 金针虫

金针虫又称铁丝虫、姜虫等。主要在土中取食播种的芹菜种子及幼苗，使得芹菜根部受损，最终芹菜枯萎死亡，使得田间缺苗，严重时断垄。

防治方法：栽培地要精耕细作，深翻土壤；可利用金针虫的趋光性，在金针虫盛发期进行黑灯诱杀；金针虫喜好糖浆，可以在傍晚田间利用糖浆对其进行诱杀；田间发生病害时，选用 50% 辛硫磷乳油 1500 倍液。

### 4. 地老虎

地老虎又名黑土地蚕，是对芹菜危害较大的一类土壤虫害，主要为害方式为将芹菜近叶面处的嫩茎咬断，造成缺苗断垄。

防治方法：要做好芹菜园及周围杂草的清洁工作，防止地老虎成虫产卵；深翻土壤，利用机械方法诱杀；在田间使用的有机肥，一定要充分腐熟；利用地老虎趋光性，使用黑灯进行诱杀；利用地老虎对糖醋味的喜好性，按照糖：醋＝2：1 的比例加敌百虫进行诱杀。

### 5. 蛴螬

蛴螬又称白土蚕、老母虫、大头虫等，其成虫为金龟甲。该虫幼虫危害芹菜根系，可使芹菜幼苗断根致死，造成田间缺苗断垄；其成虫可大量取食芹菜叶片。

防治方法：在深秋或者冬季，深耕土地，使成虫因暴露于土壤表面而死亡或被天敌取食；严禁施用未腐熟的有机肥，以防带有虫源；合理使用氨水、碳酸氢铵及腐殖酸铵等，对蛴螬有一定的驱避作用；使用水淹法，可将蛴螬及一些地上害虫淹死；利用蛴螬的趋光性，用黑灯对其进行捕杀；在发病的地块，选用 50% 辛硫磷乳剂 800 倍液、25% 西维因可湿性粉剂 800 倍液、25% 增效喹硫磷乳剂 100 倍液等喷施或灌杀，也可使用 50% 辛硫磷颗粒剂，2.5 kg/ 亩拌土后散于畦面，再深锄一遍。

### 6. 蝼蛄

蝼蛄又称土狗子、蜊蛄等，其成虫和若虫在土中咬食种子或者刚发芽的种子，以及咬食芹菜根或者嫩茎，或者在地下形成隧道，使根与土壤分离，失水干死，造成缺苗断垄。

防治方法：在冬春季深翻土壤，利用低温使其冻死；严禁使用未腐熟的有机肥；利用碳酸氢铵、氨水等化肥作追肥，其散发的氨气对蝼蛄具有一定的驱避作用；在晴朗的夜晚，使用黑灯进行诱杀；利用加有敌百虫药剂的谷子诱杀；在播种或者移苗移栽时，可使用 50% 辛硫磷颗粒剂，2.5 kg/ 亩拌土后撒于畦面；严重发病时，使用 48% 乐斯本乳油 1000 倍液灌根。

### （二）主要病害防治

### 1. 叶斑病

叶斑病又称早疫病，主要危害芹菜叶片、叶柄及茎。该病属叶感病，叶片初期呈现黄绿色水泽斑，逐渐发展成为圆形或不规则形，病斑灰褐色，边缘色稍深、不明晰，直径为 4 ~ 10 mm；叶柄及茎上，病斑椭圆形，灰褐色，直径为 3 ~ 7 mm。严重发病时芹菜植株全株倒伏，在高温、高湿情况下，会长出灰白色霉层。

防治方法：选用抗病品种，合理密植及灌溉，防治田间湿度过高；发病初期，选用 50% 多菌灵可湿性粉剂 800 倍液、50% 甲基硫菌灵可湿性粉剂 500 倍液、77% 氢氧化铜可湿性粉剂 500 倍液等防治。

### 2. 斑枯病

斑枯病又称叶枯病，危害芹菜叶片、叶柄及其茎，多发生在芹菜冬春保护地，对芹菜产量和质量影响较大。叶片发病主要有两种方式：一种是老叶先发病，然后传染给新叶，初为淡褐色油状小斑点，后逐渐扩大，其中部呈褐色坏死，外缘多为深红褐色，中间散有少量小黑斑，直径为 3 ~ 10 mm；另一种开始时与第一种不太容易区分，但其后发病中央呈黄白色或者灰白色，边缘有很多黑色小粒点，黑色小粒点周围常有 1 圈黄色晕环。在茎及其叶柄上发病时，病斑褐色，长圆形，略凹陷，中部散生黑色小点。

防治方法：选用抗病品种及对种子进行消毒，要注意保护地温度（白天控制在 15 ~ 20 ℃，夜间控制在 10 ~ 15 ℃）和湿度；发病时，可撒 5% 百菌清粉尘剂，或选用 75% 百菌清湿性粉剂 600 倍液、60% 琥·乙膦铝可湿性粉剂 500 倍液、64% 恶霜灵·锰锌可湿性粉剂 500 倍液、40% 多·硫悬浮剂 500 倍液等防治，隔 7 ~ 10 天使用 1 次，连续使用 2 ~ 3 次。

### 3. 芹菜根结线虫

芹菜根结线虫主要存在于土壤中，危害根部。该虫在芹菜根部引起虫瘿，使芹菜植株生长受阻，植株颜色不正常，湿度大时，植株表现萎蔫现象。

防治方法：实行耕作轮作；注意田园清洁，把上茬有病的植株及时移除，集中深埋或者烧毁；施用的有机肥不要带有病原，有机肥要充分腐熟；土壤在播种或移栽前，可用 10% 益舒丰颗粒剂 1000 倍液消毒；发病初期，选用 1.8% 阿维菌素乳油 4000 ~ 6000 倍液、50% 辛硫磷乳油 1000 倍液等灌根防治。

## 4. 软腐病

软腐病主要发生在芹菜叶柄基部或者茎上。发病前期，植株先出现呈水泽状、淡黄色的纺锤形或者不规则形状的凹陷斑，然后逐渐呈现湿状腐烂纹，并变黑、发臭。这主要是田间湿度过大，下雨过多及长时间种植芹菜所致。

防治方法：种植前，田块要做好排水措施，下雨时要及时排水；发病病株要及时挖除，并使用生石灰消毒；发病初期，选用 72% 农用硫酸链霉素可湿性粉剂 3000 倍液、新植霉素 3000 倍液、14% 络氨铜水剂 350 倍液等防治，隔 7 ~ 10 天使用 1 次，连续使用 2 ~ 3 次。

## 5. 黑斑病

此病主要危害芹菜叶片，病斑为近圆形、深褐色，边缘清晰，大小为 6 ~ 8 mm，病斑中部有稀疏黑霉，容易开裂。

防治方法：发病初期，选用 70% 甲基托布津可湿性粉剂 800 倍液、50% 多菌灵可湿性粉剂 600 倍液、10% 苯醚甲环唑可湿性粉剂 2000 倍液、25% 嘧菌酯悬浮剂 2000 倍液等防治，隔 7 ~ 10 天使用 1 次，连续使用 2 ~ 3 次。

## 6. 心腐病

此病表现为嫩叶叶缘出现缺绿斑，随后变褐、坏死，严重时植株心叶变黄枯死。

防治方法：将发病植株立即拔除，并用生石灰等消毒剂防止病害蔓延；发病初期，选用 72% 链霉素 3000 倍液、新植霉素 3000 倍液、14% 络氨铜水剂 350 倍液等防治，隔 7 ~ 10 天使用 1 次，连续使用 2 ~ 3 次。

## 7. 黄萎病

芹菜感染该病后，芹菜植株生长缓慢，温度高（20 ℃以上）时叶片边缘变为黄绿色，发病植株茎维管束变褐色；根颈部及叶柄变成红色，根系腐烂，导致芹菜植株萎蔫或枯死。

防治方法：选用抗黄萎病的品种，与葱蒜类蔬菜及小麦、玉米等作物轮作；增施有机肥，培育健壮植株，增加芹菜的抗病能力；控制植株密度，通风排水；可以使用药剂防治，如 50% 苯菌灵可湿性粉剂 1 话 500 倍液、40% 多·硫悬浮剂 500 倍液、36% 甲基硫菌灵悬浮剂 400 倍液、10% 双效灵水剂 250 倍液等灌根。

## 8. 叶点霉叶斑病

该病主要危害芹菜叶片。主要表现为老叶染病多从叶尖或叶缘开始，初现水渍状褪绿小斑点，后逐渐扩大成不规则形或半圆形的大斑，中间灰白色，边缘青褐色，湿度大时病斑背面长出子实体，后期病斑上密集黑色小粒点，最终导致叶片干枯。该病主要在七八月阴雨多、降雨量集中的年份或栽植病苗时严重为害。

防治方法：选用抗病品种；采用高畦栽培，开好排水沟，遇到雨季时及时排水；发病初期，选用 56% 氧化亚铜水分散粒剂 800 ~ 1000 倍液、36% 甲基硫菌灵悬浮剂 500 倍液、50% 多菌灵可湿性粉剂 600 倍液、50% 苯菌灵可湿性粉剂 1500 倍液、30% 氧氯化铜悬浮剂 800 倍液、30% 绿得保悬浮剂 400 倍液等防治，隔 7 ~ 10 天喷 1 次，连续喷 2 ~ 3 次，采收前 7 天停止用药。

### 9. 锈病

该病主要危害芹菜叶片、叶柄及茎。叶片上初生许多针状大小褐色斑，呈点状或条状排列，中央呈疱状隆起，疱斑破裂后散出橙黄色至红褐色的粉状物。后期疱斑上及其附近产生暗褐色疱斑，最终导致芹菜叶片及茎秆干枯。

防治方法：芹菜种植需要轮作换茬，施足基肥，增施磷肥、钾肥；合理密植，雨后及时排水；发病初期，选用戊唑醇、烯唑醇等防治，隔10天使用1次，连续使用2～3次。

### 10. 猝倒病

该病主要表现为芹菜幼苗未出土时，胚茎和子叶腐烂死亡。幼苗发病初期其茎基部出现水浸状病斑，随后发病部位变成黄褐色，并逐渐脱水变成细线状，导致地上部分失去支持能力而倒伏死亡，而地上部分仍然保持绿色；在高温条件下，病株表面长出1层白色絮状菌丝。

防治方法：选用抗病品种，种植地域须选择排水能力好，不易积水，无病的地块，苗床内施用的有机肥要充分腐熟；种子用45～50℃的温水浸泡10～15 min，然后再用20～30℃温水浸泡4～6 h，清水淘洗后晾干播种；育苗的土壤使用50%多菌灵可湿性粉剂或者15%恶霉灵水剂消毒；田间发病，使用70%恶霉灵可湿性粉剂1800倍液或30%嘧菌酯可湿性粉剂1200倍液喷施。

### 11. 菌核病

该病主要危害芹菜的茎及叶片，受害部位初期表现为褐色水泽状，湿度大时形成软腐病，表面生出白色菌丝，之后形成黑色菌核。

防治方法：将芹菜与其他非伞形科植物进行轮作，合理密植，选择在不易积水的地块种植；芹菜收获后及时深翻或灌水浸泡，夏季时设施棚内可闭棚7～10天，利用高温杀毒；种子可采用10%盐水选种，再用清水清洗干净，晾干播种；发病初期，可使用菌核净、噻菌灵、三氯异氰尿酸等杀毒，隔7～10天使用1次，连续使用2～3次。

### 12. 病毒病

从芹菜苗期到成株期均可发病，危害芹菜全株。发病初期，芹菜植株叶片表现为叶片皱缩，呈现出浓淡相杂的绿色斑驳或者出现黄色斑块的黄斑花叶，叶色褪绿，老叶皱曲，新叶偏小，叶柄纤细。严重发病时，心叶的节间缩短，全株叶片皱缩，植株几乎不生长、黄化且矮小。晚期发病植株所长出的叶片为浓绿、淡绿相间的花叶，植株正常。该病主要由黄瓜、芹菜、马铃薯及芜菁花叶病毒单独或者复合侵染引起，通过蚜虫传播。在高温（20～25℃）干旱时易发病。

防治方法：选用抗病毒品种，防止高温干旱，培育壮苗；及时防治蚜虫，搞好田间管理；发病时，选用20%病毒A可湿性粉剂600倍液、1.5%植病灵乳剂900倍液、5%菌毒清水剂600倍液等防治，隔7～10天使用1次，连续使用3～4次。

### 13. 立枯病

该病主要危害芹菜幼苗茎基部，染病的芹菜幼苗根基部产生暗褐色病斑，初发病时植株吸水困难，白天萎蔫，晚上恢复，严重时地上部分全部枯死。在潮湿的环境下，该病表现为基部出现淡褐色霉状物，一般以苗期发病较重。

防治方法：对苗床和种子进行消毒，苗床地势应易排水、向阳，地块应土质疏松而肥沃、无病；施用的有机肥应充分腐熟；芹菜苗期要注意加强苗床肥水管理，培育壮苗；田间发生病害时，选用75%百菌清可湿性粉剂700倍液、40%乙磷铝200倍液、72%霜霉威盐酸盐水剂600倍液、64%恶霜灵·锰锌可湿性粉剂500倍液等防治。

## （三）生理性病害防治

### 1. 空心或者糠心

空心或者糠心是指芹菜叶柄发生非本品种的空心或者糠心现象。发生空心或者糠心时，植株老化，收获期延长，可食用部分减少。空心或者糠心是由缺肥、干燥及低温引起的，一般从外叶逐渐向内叶发展。

防治方法：栽培中要注意适时、充分、均匀地供应肥水，选择纯正的品种，防止低温，芹菜达到商品性状时及时收获。

### 2. 茎裂病

茎裂病是指芹菜植株心叶边缘变褐，叶柄变脆，茎基部连同叶柄同时裂开。茎裂病是由低温、干旱条件下缺硼，生长受阻所致。另外，植株在干旱条件下突发高温高湿，导致芹菜吸收水分过多，也会造成芹菜开裂。

防治方法：施足充分腐熟的有机肥，每亩可使用硼砂1 kg与有机肥一起混匀施用；在芹菜生长期，也可以按照0.1 kg硼砂配制50 L水喷施芹菜叶面。

### 3. 根芹裂根

根芹膨大的肉质根，常常是因为在其肉质根膨大时期长时间干旱缺水，突然下雨，使其根部快速吸水膨大，根部裂开所致。

防治方法：控制水分均衡供应，在种植过程中，长时间干旱时，要缓慢供应水分。

# 第九节 叶用芥菜春夏错季栽培技术

## 一、主要特征特性

叶用芥菜在贵州地区俗称青菜，是当地主栽的芥菜类蔬菜之一。由于栽培历史悠久，保留了很多优良的地方种质资源。叶用芥菜营养丰富，宜加工和鲜食，是人们餐桌的主要蔬菜种类之一。

## 二、对环境条件的要求

叶用芥菜喜冷凉湿润的环境，忌炎热干旱，不耐霜冻，适宜在高山地区夏季栽培。

## 三、类型及品种

### （一）类型

叶用芥菜主要分为大叶芥、小叶芥、花叶芥、长柄芥、凤尾芥、叶瘤芥、宽柄芥、卷心芥、结球芥、分蘖芥、白花芥。贵州主要栽培品种为大叶芥、宽柄芥、结球芥。

### （二）品种

叶用芥菜系列品种有黔青 1 号（附图中图 20）、黔青 2 号（附图中图 21）、黔青 3 号（附图中图 22）、黔青 4 号（附图中图 23）、黔青 5 号（附图中图 24）、黔青 6 号（附图中图 25）、鸡冠青菜（附图中图 26）、包心芥（附图中图 27）等。

根据加工企业或者消费者的需求，在贵州地区一般选择黔青 1 号、黔青 2 号、黔青 4 号（耐抽薹）、黔青 5 号、黔青 6 号（耐抽薹），以及地方品种等栽培。

## 四、栽培技术

### （一）播种育苗

#### 1. 种子处理

为了保证出苗率和培育壮苗，育苗前的种子处理比较重要。种子处理可采用以下 3 种方法。

干热处理：将含水量 10% 以下的叶用芥菜种子放在 70 ℃ 的恒温箱内处理 72 h。

温汤浸种：将叶用芥菜种子放在 50 ~ 55 ℃ 温水中浸泡 15 ~ 20 min，搅拌至水温降到 30 ℃，继续浸种 4 ~ 6 h。

药剂浸种：将叶用芥菜种子放在 10% 磷酸三钠溶液中浸泡 20 ~ 30 min，捞出后冲洗干净。

## 2. 适时播种

叶用芥菜一般以秋播为主，直播或育苗均可。贵州大部分区域以 8—10 月播种为宜，又以白露（9 月上旬）前后播种为最佳，其他季节播种易出现先期抽薹，用种量 30 ~ 50 g / 亩。因叶用芥菜种子细小，播种时可用 2 ~ 3 倍细沙或干细土拌匀后分 3 次撒播，播种后浇透水，使种子与泥土紧密接触，然后用薄膜、草帘或遮阳网覆盖，保持土壤水分，以利于出苗整齐。

### （二）整地定植

叶用芥菜育苗可采用穴盘育苗或大田苗床育苗两种方式。穴盘育苗一般选择 70 孔的穴盘，普通的蔬菜育苗基质；大田苗床育苗，为了防止病虫害，一般选择 2 ~ 3 年内未种过白菜、甘蓝、西蓝花等十字花科作物，向阳、肥沃、排灌方便、保水性良好、无污染的中性或弱酸性砂壤土地块作为苗床。

苗床厢面宽 1.2 ~ 1.5 m，厢沟深 0.4 m，面积按苗床：大田 = 1：50 准备。起厢时施腐熟的清粪水 500 ~ 600 kg/ 亩或三元复合肥 20 ~ 50 kg/ 亩，与床土混匀、整细、整平备用。

在前茬收获完毕后，提前 1 ~ 2 周将种植田土犁翻，土壤晒白、整细，高畦带沟 1.8 ~ 2.0 m 作厢，厢高 15 ~ 25 cm，厢面宽 1.5 ~ 1.7 m，每厢种植 4 行。每亩施腐熟的有机肥（猪粪、牛粪等）1500 ~ 2000 kg、三元复合肥 40 ~ 50 kg、过磷酸钙 20 ~ 30 kg。

苗龄 20 ~ 35 天后，选择阴天上午或晴天下午 3 时以后起苗定植。苗床地要隔夜或当天上午浇透水，以便拔苗。拔苗时剔除较小的苗，选择整齐一致、无病无虫的壮苗定植。一般行距 45 ~ 55 cm，株距 35 ~ 40 cm，肥力好的地块适当稀植，肥力差的地块适当密植，每亩以种植 3000 株为宜。栽后用低毒高效菊酯类农药兑水浇灌定根，确保成活率。

### （三）田间管理

## 1. 科学施肥

叶用芥菜移栽成活后，当有 5 片真叶时，每亩用 5 kg 尿素兑 1000 kg 沼液（或 1000 kg 清粪水）进行第一次追肥，以便保墒补肥、提苗；当有 7 ~ 8 片真叶时，每亩用 8 kg 尿素兑 1000 kg 沼液（或 1000 kg 清粪水）进行第二次追肥，促苗健壮越冬；开春后视植株长势情况再追肥 1 ~ 2 次，在第二次的基础上适当增加追肥量和浓度，并施入适量钾肥，收获前 20 天停止追肥。

## 2. 中耕除草

未封行之前，结合肥水管理进行中耕除草、疏松土壤。操作时注意不伤叶柄，不要埋没菜心，沟土要清理均匀，以利于排灌。

## 3. 水分管理

经常浇水，随时保持土壤湿润即可。如果遇到雨水多的年份，要注意开沟排水。

## （四）采收

可根据鲜食还是酸菜加工进行适时采收。鲜食主要以幼小植株为主，播种后 30 ~ 60 天即可采收；酸菜加工主要以成熟植株为主，秋播早熟品种一般在 1 月前后采收，秋播晚熟品种一般在 2—5 月采收。

## （五）加工技术

### 1. 酸菜加工流程

①选取质地较粗糙的叶用芥菜品种，放入沸水中上下翻动 1 min，立即捞出，不能烫得过熟，以半生半熟为宜；②将叶用芥菜放入清水中冲洗数次，捞出把水沥干或者用手挤干；③ 50 g 左右的面粉或者玉米面加入 3 ~ 5 kg 清水，搅拌均匀，烧开备用；④先将叶用芥菜放入坛中，之后倒入烧开的稀面水，再加入 250 g 左右酸种（从酸菜成品中取出的酸汤），密封坛口，第二日即可食用。

### 2. 盐酸菜加工流程

将叶用芥菜整株收割，于阳光下暴晒 1 天，使其蔫而不干。将晾半干的叶用芥菜洗干净，按每 100 kg 叶用芥菜放 15 kg 食盐和 2 kg 烧酒的比例腌制，入坛保存，坛沿放水，以防漏气和杂菌感染。批量生产，建一个密封性较好的水泥池，按 1 层叶用芥菜 1 层盐的顺序放入池中，最上面铺 1 层较厚的盐，用竹席盖上，腌制半个月后即可食用。将腌制好的叶用芥菜取出，经过机器水洗 2 次，然后人工分选，加工成各类酸菜产品，如鱼酸菜、盐酸菜等。

鱼酸菜的加工：将清洗好的腌制叶用芥菜根部切成块，分装入袋，包装好后经过高温灭菌，即可上市售卖。

盐酸菜的加工：将腌制好的叶用芥菜切成 3 cm 左右的长方形小块，据不同级别制作盐酸菜。不同级别盐酸菜的加工如下所述。

特级盐酸菜：叶用芥菜叶柄多于叶片，叶柄不少于 90%，按每 100 kg 叶用芥菜放醪糟汁 30 kg、蒜片 5 kg、冰糖 5 kg、辣椒粉 100 g 的比例腌制。

一级盐酸菜：叶用芥菜叶柄不少于 60%，按每 100 kg 叶用芥菜放醪糟 40 kg、蒜茎叶 2 kg、冰糖 4 kg、辣椒粉 6 kg 的比例腌制。

二级盐酸菜：叶用芥菜叶片多于叶柄，叶柄不少于 20%，按每 100 kg 叶用芥菜放醪糟 35 kg、蒜茎叶 1 kg、白糖 2 kg、辣椒粉 7 kg 的比例腌制。

将制作好的材料拌匀，放入坛中发酵，半个月之后即可包装为成品。

## 五、病虫害防治

### （一）主要虫害防治

危害叶用芥菜的虫害主要为蚜虫、菜青虫、黄条跳甲等，它们对农业生产带来了极大的危害。

#### 1. 蚜虫

使用黄板诱杀或选用5%苦豆子生物碱可溶剂4～5 g/亩、5%吡虫啉乳油2000～3000倍液防治。

#### 2. 菜青虫

选用1.8%阿维菌素乳油4000倍液、5%氟虫腈（锐劲特）悬浮剂1500倍液防治。

#### 3. 黄条跳甲

选用30%氯虫·噻虫嗪悬浮剂1500～2000倍液、2.5%氯氟氰菊酯乳油2000倍液防治。

#### 4. 地下害虫

地下害虫主要有蛴螬、蝼蛄、金针虫、地老虎、根蛆等，它们常咬食幼苗根部，造成缺苗断垄。施用的粪肥应充分腐熟，经高温堆肥者为佳，结合整地，每亩用0.5 kg辛硫磷乳油兑3～5 kg水，拌入50 kg细（沙）土中，制成毒土翻入地块，或在深翻地块后，喷施白僵菌；在晴天傍晚喷施阿维菌素等杀虫剂，对其进行灭杀。

### （二）主要病害防治

叶用芥菜的病害主要为病毒病、霜霉病等。

#### 1. 病毒病

选用7.5%菌毒·吗啉胍水剂500～700倍液、4%嘧肽霉素水剂200～300倍液防治。

#### 2. 霜霉病

选用57%烯酰·丙森锌水分散粒剂2000～3000倍液、25%甲霜·霜霉威可湿性粉剂1500～2000倍液防治。

# 第十节　娃娃菜春夏错季栽培技术

## 一、主要特征特性

娃娃菜外观小巧，体积是普通大白菜的1/4（附图中图28）。娃娃菜最大的特点是内叶嫩黄、质地脆嫩，售价高于普通大白菜。娃娃菜生长期短，结球早，采收期长，从播种到采收需65天左右，借助贵州不同海拔地区的气候条件优势，可以实现周年生产。

## 二、对环境条件的要求

娃娃菜属于半耐寒性蔬菜，既不耐热也不耐寒，生长期要求温和的气候，32 ℃以上及5 ℃以下会生长不良。能耐-2 ~ 0 ℃短期低温，-5 ~ -4 ℃则会冻死，一般可忍耐轻霜。发芽期适宜温度为20 ~ 25 ℃，幼苗期适宜温度为22 ~ 25 ℃，莲座期适宜温度为17 ~ 22 ℃。温度过高，会造成徒长；温度过低则推迟生长期。结球期适宜温度为12 ~ 22 ℃，最好有较大的昼夜温差，白天为15 ~ 22 ℃，夜间为12 ~ 15 ℃。贮藏温度以0 ~ 2 ℃为宜。娃娃菜的春化温度为15 ℃以下。

娃娃菜是需要中等光强的作物，植株在完成春化后，在日照12 h以上和温度18 ~ 20 ℃的条件下，有利于抽薹、开花，播种后在发芽期、幼苗期和莲座期的短缩茎顶端陆续产生叶原基，形成新叶。娃娃菜较能适应低温弱光条件。

娃娃菜叶子多，叶面积大，叶面角质层薄，水分蒸腾量大，并且根系浅，所以需水多，特别是结球期，需水量最大。

娃娃菜对土壤的适应性较强，但以疏松肥沃、通气和保水、保肥能力强的土壤为好。

氮素对娃娃菜的生长很重要，尤其在幼苗期和莲座期，在氮过多而磷、钾不足时，叶原基的分化受影响，养分的转化、运输受抑，大大影响莲座和叶球的形成，抗性降低，开花结实也受抑；缺磷时叶子呈暗绿色，叶背和叶柄发紫，植株矮小；缺钾时叶缘枯黄而呈"焦边"状，影响养分运转，且莲座叶未老先衰；缺钙时会导致"干烧心"，这种情况往往发生于土壤干燥或施肥过多。

## 三、类型及品种选择

### （一）类型

适宜作微型结球白菜的品种不多，首先要求个体较小，叶球高22 cm左右，早熟，植株开展度小，能高密度栽培；其次叶球匀称、色泽鲜艳，便于包装，品质上要求脆嫩、风味好，春季种植要选择耐抽薹品种。

## （二）品种

娃娃菜适宜的品种有以下几种。

### 1. 津宝二号

早熟杂交一代大白菜品种，生育期 60 天左右。球形指数 2.4，球高 26 cm 左右，叶球直径 11 cm 左右，外叶淡绿色，心叶黄色，品质极佳，叶球合抱，商品性状好，叶球重 2 kg，亩产量 5220 kg 左右。秋季种植抗病性强，春季种植不易抽薹，其抗抽薹性可与国外优良品种媲美。

### 2. 春玉黄

新一代高品质出口型的代表品种，生长期 48 ～ 52 天。外叶深绿色，内叶嫩黄色，叠包紧实，口味极佳。抗病力强，极早熟，耐贮运，可以密植。球重 1.8 kg 左右，亩产量 5500 kg 左右。

### 3. 四季黄金娃娃菜

生长期 50 天左右。外叶绿色，叶帮白而薄，叶球合抱呈炮弹形，球高 22 cm 左右、球宽 9 cm，球叶金黄色。单球重 250 ～ 300 g。

### 4. 韩国高丽贝贝

露地、保护地栽培，定植后 55 天左右采收。直立，开展度小，外叶少，结球紧密，适宜密植，球高 20 cm 左右，直径 8 ～ 9 cm。品质优良，抗逆性较强，耐抽薹，适宜春季、秋季种植。

### 5. 韩国高丽金娃娃

适应性广，定植后 55 天左右采收。球高 20 cm，直径 89 cm，内叶金黄色。

### 6. 韩国金童娃娃

直立，适宜密植，适宜春季、秋季种植，定植后 40 ～ 45 天可采收。叶浓绿，内叶金黄，结球紧密，商品率高，抗病性较强。

### 7. 香港夏娃

直立，适宜密植，适宜夏季、秋季种植，定植后 55 天可采收。叶片绿色，心叶黄色，结球紧密。抗病毒病、根肿病，耐热，耐湿。

### 8. 四喜

极早熟的娃娃菜品种，生长期 48 ～ 55 天。叶片直立性强，外叶绿色，内叶嫩黄色，结球紧实。抗病性好，外观美，是目前各大超市、餐馆最畅销的娃娃菜品种之一，需求量较大。

### 9. 德高金娃娃

早熟性强，生育期 55 ～ 60 天。株型紧凑，球外叶浅黄绿色，球内叶鲜黄色，叶柄白色，较薄。球叶叠抱，包球性好，球顶近闭合，球高约 21 cm，横径 8 cm 左右，单球重 320 g 左右，小圆筒形。韧性好，耐运输，口感脆嫩，品质佳。

## 四、栽培技术

### （一）播种育苗

#### 1. 播种时间

娃娃菜选择好品种，可实现周年生产，解决蔬菜春淡问题，于 1—4 月气温稳定在 15 ℃ 以上时播种，5 月下旬至 6 月中旬可采收。播种过早时，娃娃菜处于低温时间过长，易造成先期抽薹；播种过晚，影响娃娃菜的早熟性，降低产值。因此，要选择适宜的播种期。早春播种的娃娃菜，忌用漂浮育苗，漂浮育苗降低了温度，容易引起先期抽薹。贵州不同海拔地区播种时间如下。

海拔 350 ~ 500 m、1 月平均气温 9.4 ~ 10.4 ℃的地区：1 月中旬至 2 月上旬播种，大棚加小拱棚穴盘育苗，2 月下旬至 3 月上中旬定植，深窝地膜或地膜覆盖栽培，3 月中旬至 4 月下旬上市。

海拔 501 ~ 750 m、1 月平均气温 8.0 ~ 9.4 ℃的地区：1 月下旬至 2 月中旬播种，大棚加小拱棚穴盘育苗，3 月定植，深窝地膜或地膜覆盖栽培，4 月上旬至 5 月上旬上市。

海拔 751 ~ 1100 m、1 月平均气温 8.0 ~ 5.3 ℃的地区：2 月播种，大棚加小拱棚穴盘育苗，3 月定植，地膜覆盖栽培，4 月下旬至 5 月上旬上市。2 月下旬以后播种的，用大棚或小拱棚穴盘播种育苗。

海拔 1101 ~ 1500 m、1 月平均气温 4.0 ~ 5.3 ℃的地区：2 月中旬至 3 月上旬播种，大棚加小拱棚穴盘育苗，3 月中旬至下旬定植。3 月中旬以后播种的，用大棚或小拱棚穴盘播种育苗，也可地膜直播；或于 10 月上旬至中旬播种，露地育苗，11 月定植，地膜覆盖或露地栽培，3 月上市。

海拔 1501 ~ 1900 m、1 月平均气温 2.5 ~ 4.0 ℃的地区：3 月上旬至中旬播种，大棚加小拱棚穴盘育苗，4 月定植。3 月中旬以后播种的，用大棚或小拱棚穴盘播种育苗，也可地膜直播；或于 9 月下旬至 10 月上旬播种，露地育苗，10 月下旬至 11 月上旬定植，地膜覆盖或露地栽培，3 月上市。

海拔 1901 ~ 2300 m、1 月平均气温 1.7 ~ 2.5 ℃的地区：3 月中旬至下旬播种，大棚或小拱棚穴盘育苗，4 月中旬至下旬定植。3 月下旬以后也可地膜直播，5 月下旬至 6 月上旬上市；或于 9 月中旬至下旬播种，露地育苗，10 月中旬至下旬定植，地膜覆盖或露地栽培，3 月上市。

#### 2. 播种方法

春夏错季娃娃菜主要采用育苗移植。育苗移植的苗床应选择地势较高、排水通畅的肥沃田土。娃娃菜可高密度种植，一般栽植 1 亩大田的用种量为 60 g 左右。播种前浇足底水，每平方米苗床播种量 5 ~ 6 g，播种后即浇水盖土。早春、春夏反季节注意搭盖薄膜保温，早春播种育苗早的采用大棚加小拱棚育苗保温。

春末夏初播种可采用直播。直播是比较快速的栽培方式，管理简单，省工省事，但用种量大，一般用种量 100 ～ 130 g/亩，加上娃娃菜种子比普通大白菜种子价格高，直播同样要求精耕细作和加强管理。播种前精细整地，施足基肥，直播开高畦宽畦、畦宽 1 m，按株行距 20 cm×25 cm 穴播；播种时，撕开每穴上方的地膜，每穴播 5 ～ 6 粒，播种后用细腐殖土浅盖，待幼苗长至 7 ～ 8 片叶时，幼苗四周用土覆盖住地膜以保温、保湿。

### 3. 育苗及苗期管理

播种期较定植期提前 20 天，选择排水良好，土壤肥力高的地块作为苗床；一般多采用穴盘育苗，基质按泥炭土：腐殖土：菜园土＝1：1：1 的比例混合并加入适量蛭石装盘，播种前 1 天基质充分淋透水，每穴播 1 ～ 2 粒，播种后浇水，上盖 1 ～ 2 cm 厚的细土，3 天后出苗，出苗后浇水量适中，宜上午浇水，保持见干见湿。春季播种在大棚内加盖小拱棚增温，出苗后揭去小拱棚通风。注意观察幼苗生长情况，根据苗的长势，可用腐熟的清粪水施 1 次提苗肥，及时匀苗、间苗，注意防治苗期蚜虫、黄条跳甲、霜霉病等。5 ～ 6 片真叶时即可定植。

采用苗床育苗时，出苗后要及时匀苗、间苗，5 ～ 6 片真叶时定苗，去掉弱苗和病苗，保留大苗和壮苗。

### （二）整地定植

选择地势平坦、肥沃、疏松、排灌良好的中性土壤，在定植前，清洁田园，深翻碎土，每亩均匀施入 3500 kg 左右的腐熟农家肥和 40 ～ 50 kg 复合肥，然后开厢做畦。1 m 的厢宽栽 3 ～ 4 行或 1.3 m 厢宽栽 4 ～ 5 行；厢沟宽 30 cm，厢沟深 20 cm 左右，以利于排水，减少病害发生。株行距 20 cm×（25 ～ 30）cm，每亩栽 8000 ～ 10000 株。

### （三）田间管理

娃娃菜要求田间精细管理，在施足基肥的基础上，结合浇水合理追肥，定植成活后肥水管理上做到前促后控，包心期小水勤浇，提供充足水分，如干旱天气，每天早、晚各浇水 1 次，有条件的采用喷雾灌溉最好，秋冬季栽培可不浇水或少浇水，雨季注意田间排水。由于种植密度较大，微型结球白菜不宜大肥大水，并且生育期较短，在基肥充足的情况下，可不追肥或少追肥。一般整个生长期追肥 2 次，第一次在缓苗后，追施三元复合肥（氮：磷：钾＝15：15：15）15 kg/亩；第二次在结球初期（植株迅速膨大期），追施尿素 10 kg/亩，适当增施磷肥、钾肥（在整个生长期施用纯氮不能超过 18 kg/亩）；结球后视生长情况，可随水追施 1 次三元复合肥 20 kg/亩。露地栽培的容易滋生杂草，要及时中耕除草，以减少病虫害发生，结合除草适当培土，防止植株生长后期倒伏。采收前 20 天内禁止叶面喷施氮肥。

### （四）采收、包装及贮藏

当包球紧实、结球 85% 以上时，株高 30 cm 左右，便可采收。采收时全株拔出，去除多余的外叶，削平基部，单株加工成叶球净重 200 g 左右，每袋 3 个，然后装箱，每箱 30 袋，预冷后便可运输、销售。

# 五、病虫害防治

## （一）主要虫害防治

虫害主要有蚜虫、菜青虫、小菜蛾、斜纹夜蛾等。

虫害防治方法参照"大白菜春夏错季栽培技术"相关表述。

## （二）主要病害防治

娃娃菜主要的病害有霜霉病、软腐病、病毒病和根肿病，但在春季和秋冬季栽培，病虫害较少，甚至极少发生。

### 1. 霜霉病和软腐病

可选用百菌清与农用链霉素联合防治，通常 5 ~ 7 天喷施 1 次，连用 2 ~ 3 次。发病时，应将娃娃菜连根拔除，重点防治病害地块。此外，可选用 75% 百菌清 600 倍液、25% 甲霜灵 800 倍液防治，隔 3 ~ 5 天喷施 1 次，在雨天后还应补喷 1 次。

### 2. 病毒病

在发病初期，选用高锰酸钾 1000 倍液或每亩地用病毒 K 15 mL 兑水 15 L 喷施防治。

### 3. 根肿病

选用 50% 的多菌灵可湿性粉剂 500 倍液灌根，每株用药液 0.4 ~ 0.5 L，隔 7 天浇灌 1 次，连续浇灌 2 ~ 3 次。

# 第十一节　菜心（含红菜薹）春夏错季栽培技术

## 一、主要特征特性

菜心又名广东菜薹、菜花、菜薹，为十字花科芸薹属芸薹种白菜亚种的一个变种，一年或二年生草本植物，被誉为"蔬品之冠"。以主薹或侧薹供食，品质柔嫩，风味独特，我国以两广地区种植历史最为悠久。菜心栽培品种多、面积大，适应性强，可周年栽培，复种指数高，既可出口港澳，又能远销欧美，无论内销还是出口需求量都很大，是一种很有前途的蔬菜。菜心性微寒，常食具有除烦解渴、利尿通便和清热解毒之功效，在燥热时节食用价值尤为明显。现代营养学研究则发现，菜心富含粗纤维、维生素C和胡萝卜素，不但能够刺激肠胃蠕动，起到润肠、助消化的作用，对护肤和养颜也有一定的作用。

红菜薹又名紫菜薹、红油菜薹，为十字花科芸薹属芸薹种白菜亚种的一个变种，主要分布于长江流域一带，是我国南方广泛种植的传统蔬菜。红菜薹色紫红、花金黄，在南方地区广为种植，其中以武汉栽培历史最为悠久，被称为武汉地区的特产。近年来，由于红菜薹自身具有良好的营养价值，受到消费者的推崇，全国各地大力提倡种植红菜薹。而贵州作为南方重要的夏秋蔬菜生产大省，拥有得天独厚的地理环境，适宜大面积蔬菜种植。为满足消费者对红菜薹的市场需求，分别从地块选择、品种选择、育苗与播种、病虫害综合防治、采收等方面介绍红菜薹高产栽培技术，以期为红菜薹高产栽培提供技术支撑。

## 二、对环境条件的要求

菜心喜温暖湿润气候，适应性广。菜心种子发芽及幼苗生长的适宜温度为25～30℃，叶片生长的适宜温度为20～25℃，菜心形成的适宜温度为15～20℃。菜心在15℃以下发育较慢，从现蕾至采收需20～25天，菜心质量好；在20～25℃的条件下需10～15天，但菜心细小，质量较差；超过25℃，菜心细小，纤维多，常有苦味，质量更差，但不同品种适应能力相差悬殊。菜心属长日照植物，但多数品种对光照长短要求不严格，现蕾开花和花薹的生长速度主要受温度的影响。菜心属长日照植物，但多数品种对光周期要求不严格。菜心耐湿性强，但不耐涝、不耐旱，对土壤水分条件要求较高，必须保持土壤湿润而又不积水。对土壤条件要求不太严格，一般土壤都可以种植，以向阳、富含有机质、保水和保肥能力强、通透性良好、排灌方便的砂壤土或壤土栽培最好，忌与十字花科蔬菜连作。菜心对养分的要求以氮为最多，钾次之，磷最少。肥水与菜心的形成有密切关系，植株现蕾前后均需充足的肥水，施用有机肥料对根系生长和提高菜心品质都有明显的促进作用。

红菜薹是耐寒的一年或二年生蔬菜，在0～35℃均能生长发育，但以5～15℃下生长的品质最佳，短期可耐-5～5℃的低温。幼苗和莲座叶能耐30℃左右高温，适宜温度为15～25℃，气温高于25℃时生长发育快。红菜薹含粗纤维多，有苦味，品质较差。红菜薹生长以白天 15 ~ 20 ℃、夜间 5 ~ 10 ℃最为适宜。红菜薹对光照的要求不严格，在光照较弱和较强条件下都能生长良好，根系入土层较浅，耐旱、耐涝能力均较弱，需要充足的水分和湿润的环境条件。当土壤水分不足时，红菜薹僵硬、品质差，但水分过多则易造成软腐病等病害。红菜薹种植以肥沃的砂壤土为宜。

## 三、类型及品种

### （一）类型

菜心和红菜薹按生长期的长短和对栽培季节的适应性，可分为早熟、中熟、迟熟三大类型。经多年的研究，菜心和红菜薹已实现品种配套，周年生产供应。春夏错季栽培适宜选择中熟品种，而晚熟品种可安排在冬季、春季栽培。

### （二）品种

春夏栽培可选的品种有油青 60 天（70 天）、东莞 60 天、60 天特青、绿宝 70 天、60 天青梗菜心、青梗柳叶菜心、黄叶中心等。冬春栽培品种有迟心 2 号、迟心 29 号、油青迟心、油青 80 天菜心、三月青菜心等。红菜薹品种较多，应依据贵州当地的环境条件与市场需求，选用优质高产、抗逆性好、抗病性强且耐热、耐湿、耐寒的品种，如小叶亮红、小叶红魁、小叶红棒棒薹、紫御 70。

#### 1. 菜心

（1）油青 60 天（70 天）

油绿色，菜薹大小适中，纤维少，商品性状好，菜味佳，品质优良，是颇受出口市场及国内市场欢迎的品种。一般从播种到初收需 40 ~ 45 天。

（2）东莞 60 天

油青系列的中熟菜心品种，从播种到初收需 30 天左右，适合菜场出口使用。色泽油绿、有光泽，叶柄短，薹叶较细，纤维少，商品性状好，菜味佳，品质优良。

（3）60 天特青

脆嫩味甜，30 天初收，成熟快，色泽绿，纤维少。

（4）绿宝 70 天

株高 33 cm，叶深绿色，薹叶 6 ~ 7 片，近柳叶形。主薹高 22 ~ 26 cm，中迟熟，从播种至采收需 39 ~ 45 天，可采收期 10 天左右，以收主薹为主；纤维少，薹质脆嫩，齐口花，亩产量 1000 kg 左右。

（5）迟心 2 号

迟熟，耐寒、耐肥。质脆嫩，味较甜。植株较矮壮，略具短缩茎。茎叶 12 ~ 14 片，宽卵形，叶缘呈波浪状，叶基部向内扭曲。叶柄较短，半圆形，叶色油绿，有光泽。薹油绿色、有光泽。纤维少，不易空心，风味好，品质优良。耐贮运，冬性中强，耐肥。从播种至初收需 60 天左右，亩产量 1500 ~ 2000 kg。

（6）迟心 29 号

株型稍大，有明显短缩茎。茎叶长卵形，叶脉白色、分明。叶深绿色。薹高约 28 cm，薹色深绿，有光泽。花球大，纤维少，肉质坚实，不易空心，食味好。耐贮运，冬性强。从播种至初收需 70 天左右，亩产量 1000 ～ 1500 kg。对低温、阴雨天气有较强的适应性，耐肥。

（7）油青迟心

晚熟品种，主侧薹兼收，耐寒不耐热，采收期长。薹油绿色，有光泽。纤维少，品质佳，从播种至初收需 40 ～ 50 天。

（8）油青 80 天菜心

迟熟，既可一次性采收，也可多次采收，叶油青色，翠绿清亮。耐寒耐湿，菜质脆滑，风味极佳。

## 2. 红菜薹

（1）小叶亮红

早熟品种，生育期为 60 天，具有抽薹快、无蜡粉、茎身油亮、口感好、产量高等特点。

（2）小叶红魁

杂交一代早熟棒棒薹，生育期为 60 天，具有叶小、无蜡粉、薹鲜红色、茎身油亮、品质高等特点。

（3）小叶红棒棒薹

中熟品种，生育期为 70 天，具有薹粗、无蜡粉、耐寒性强、茎身油亮等特点。

（4）紫御 70

湖北省农业科学院经济作物研究所选育的一代杂交红菜薹品种，抗根肿病极强，具有长势强、无蜡粉、产量高等特点。

# 四、栽培技术

## （一）播种育苗

### 1. 播种期

菜心春夏栽培在 3 月中旬至 4 月播种，供应期为 5—6 月。品种表现为植株半直立，基生叶 6 ～ 8 片，较大，腋芽有一定的萌发力，主侧薹兼收，以收主薹为主，菜薹质量好，对温度适应性广。冬春栽培在 11 月至次年 3 月播种，从 12 月至次年 4 月陆续上市，适宜在贵州低海拔地区越冬栽培，春季上市。品种表现为腋芽萌发力强，主侧薹兼收，采收期较长，抽薹迟，产量高，耐寒不耐热。栽培上必须注意寒潮和低温阴雨的影响。天气较冷时，选用冬性强品种，用温水浸种催芽后播种，或用薄膜贴地面覆盖，以缩短出苗期。

红菜薹的播种时间要严格控制，过早播种会导致软腐病和病毒病的发生，容易造成"翻苑"；晚播可以缓解病虫的危害，但由于晚播后气温下降较快，导致植株生长缓慢，莲座叶未充分"发棵"，从而影响产量。在其他地区，早熟品种一般在 7—8 月播种，中熟品种 8—9

月可播种；晚熟品种 10 月下旬方可播种。而贵州气温普遍较低，以贵州威宁为例，威宁平均海拔 2000 m 以上，夏季平均气温不超 20 ℃，气候温凉，适宜蔬菜种植。因此，在贵州红菜薹的播种时间采用春夏错季的方式，在 3 月下旬至 5 月中旬开始播种。

## 2. 直播及育苗移栽

直播：菜心幼苗由于根系弱，移栽成活率低，且移栽后易抽薹，造成减产，因此，夏季菜心生产一般以直播为主。这种方法比较简便省工，可减少移植伤根，促其早生快发，且比起移植可提早收获。一般早菜心在 6—8 月高温多雨时节播种，而迟菜心在 2—3 月低温阴雨时播种。但直播缺点是菜薹大小不均匀，易空心，抽薹不整齐，菜薹色泽较淡，品质差，且直播占地时间比较长，土地利用率低，用种量也多，一般直播用种量为 300 ~ 600 g / 亩。把好播种质量关，保证全苗、齐苗是获得高产的首要条件。直播时可用撒播、条播和穴播。夏季高温多雨时节可适当加大播种量。播种前先浇水湿地。因菜心种子粒小，播时可掺入 3 ~ 4 倍的细土或河沙拌匀。播种时要注意避免大暴雨的天气，播种后盖一薄层细土，用碎稻草、山草、松叶或腐熟有机质薄盖畦面，防止雨水冲刷。播种后要淋足水分，保持苗床土壤湿润。宜用稻草或塑料薄膜等覆盖保湿，待有少量种子萌芽出土时将覆盖物揭去，使发芽后菜心叶片能吸收阳光。

育苗移栽：菜心育苗 18 ~ 25 天后，移栽到大田栽培。这种方法可提高土地利用率，植株生长整齐，收获期集中，菜薹生长均匀，品质好，省种子，定植到大田只需种子约 70 g；缺点是移植费工，技术要求也高。一般秋冬季节的中、晚熟菜心栽培采用此法。苗床育苗每亩播种 0.7 ~ 0.9 kg，可供 0.5 ~ 0.8 hm² 大田种植。出苗后间苗 1 ~ 2 次，株距应在 3 cm 左右。间苗后可适当追肥。有 3 片真叶时即可移苗定苗，定苗适宜的叶龄是 4 ~ 5 片叶。一般夏秋季苗龄是 18 ~ 22 天，秋冬季为 25 ~ 30 天。

红菜薹种子应选用颗粒饱满的新鲜种子。在播种前，先用水浇透厢面，同时将挑选的种子进行催芽，待种子露白后方可将其均匀地撒播在铺好的苗床上，播种后再覆盖过筛的细土，厚度约为 0.5 cm，以盖住种子为宜。

### （二）整地定植

菜心和红菜薹宜选择通风透光、地势平坦、排灌方便、水源清洁充足、耕作层深 20 cm 以上、富含有机质、保水和保肥能力强、酸碱度呈中性、前茬为非十字花科作物的地块种植。主推水旱轮作，多年连作的蔬菜最容易使土壤中微量元素缺乏，同时也会使病虫害危害加重。实行水稻－菜心水旱轮作，对控制土壤传染性病害更为有效，病害明显减轻。

种植菜心前地要充分晒白，播种前要犁翻，耙碎土块，整地时要施足基肥，多施有机肥。要求畦面土壤细碎，畦面呈龟背形，畦高约 0.3 m，畦宽 1.0 ~ 1.2 m，沟宽 30 ~ 40 cm，沟深 20 ~ 30 cm。

由于菜心苗期根系弱，生长迟缓，容易与杂草产生竞争，因此要做好预防杂草的措施，在播种前或播种后可喷施芽前除草剂——丁草胺，每亩用量为 75 ~ 100 g，兑水 750 倍喷施。喷药时最好让地面湿润，保持较好的墒情，药效会提高。还可用 75% 百菌清可湿性粉剂 800 ~ 1000 倍液喷施或移植之前淋湿畦面。

## （三）田间管理

### 1. 合理密植

当菜心幼苗长出 3～4 片真叶时，要及时间苗才能促进壮苗，如播种太多而没有及时间苗，过密、不通风、透光，容易引起烂叶、烂根，幼苗徒长、变弱，降低幼苗质量。除去起节苗、劣苗、弱苗和杂种苗，有缺苗的地方及时补苗。在夏秋高温多雨时节种植，直播后子叶展开时定苗，早熟品种每亩种植 32 000 株，株行距 12 cm×15 cm；中熟、晚熟品种每亩种植 16 000～17 000 株，株行距 15 cm×20 cm。栽培密度根据品种特性决定，采收主薹的 12 cm×15 cm 左右，主薹、侧薹兼收的 15 cm×20 cm 左右。

红菜薹定植前一天将苗床浇透水，便于取苗。尽量带土移栽，移栽采用深沟窄畦的方式，一畦两行栽培，两畦之间须开设沟渠，确保排灌方便。早熟品种行距 35～40 cm，早中熟品种行距 40 cm，株距 30～35 cm。

### 2. 菜心的肥水管理

施肥应以基肥为主，特别在高温多雨时节不利于追肥，宜施充足的有机肥作基肥，一般每亩施腐熟有机肥 2000 kg、复合肥 20～30 kg。菜心以氮肥为主，但磷肥、钾肥也很重要，可在基肥中加入磷肥、钾肥，如用氯化钾或复合肥，与土壤充分混匀。菜心的根群分布浅，吸收面积较小，吸收能力较弱，而且栽培密度大，生长速度快，因此菜心除要施足基肥外，必须追肥。菜心追肥，宜采取"前期勤施薄施，中后期重施"的原则。在第一片真叶展开时开始追肥，可用 10% 左右腐熟的清粪水，或每亩追施尿素 5～10 kg、三元复合肥 5 kg，一般 3～5 天追肥 1 次，促进幼苗生长。当菜心现蕾、开始抽薹时，应适当增加浓度和分量，保证菜薹发育。在晴天要降低施肥浓度，在下午 5 时以后才施肥，防止烧伤叶片。菜心进入菜薹形成期时生长明显加快，要保证肥水充足，一般隔 5～7 天施肥 1 次。

肥料种类对菜薹品质的形成有很大影响。使用有机完全肥料，菜薹组织结实，味甜，色泽油绿，品质佳，偏施速效氮肥，虽然菜薹颜色浓绿，但组织不充实，味淡，纤维多。特别是在菜薹形成期，要注意增加磷肥、钾肥的施用，有利于提高菜薹的品质和产量。

夏季，菜心生长期间正值高温多雨，应防热、防暴雨。菜心夏秋反季节栽培应在 0.8 m 以上的高处用黑色遮阳网搭棚覆盖，避免高温和暴雨造成的危害。遮阳网覆盖平棚，可使地面温度降低 4～6 ℃。注意：不能在整个生育期都覆盖。在晴天的早、晚和天气良好时，要揭去覆盖物，保证菜心生长有良好的光照条件。

菜心根系浅，中后期叶面积大，在高温下蒸腾量极大，整个生长期既怕旱又怕渍，因此菜心对水分要求较严，必须掌握正确的淋水方法和时间，整个生长季节要保持土壤湿润，才能促进早发芽、出齐苗，为取得高产创造前提条件。淋水时，应使水滴均匀地洒在畦面和叶面，避免水点太大。一般晴天早、晚要各淋 1 次水，夏季、秋季炎热天气上午 11 时应淋 1 次"过午水"，保持湿润并降低田间温度；冬季、春季低温期中午淋水，可增加土温。要勤于浇水，干燥时可灌"跑马水"，采取沟间灌水的方法，促进土壤全层湿润，但要即灌即排，不能漫灌，以防积水，引起烂根、死根。雨天后要注意及时排水防涝，同时减少软腐病等病虫害的发生。

### 3. 红菜薹的肥水管理

种子发芽期间，要保持土壤湿润，要用洒水器喷洒土壤，确保幼苗及时补充水分，避免干死。幼苗的需水量不大，切忌喷洒过多水分，保持土壤微湿即可。幼苗在生长期对土壤环境的适应性较弱，自身抵抗力不高，容易坏死，应提前准备好壮苗，幼苗坏死后及时补苗。

幼苗定植成活后，可施用提苗肥，通常农家采用稀释的牲畜粪尿对幼苗进行浇灌；幼苗移栽15天左右，可施用壮苗肥，采用稀释的牲畜粪尿加尿素7~10 kg/亩浇灌在壮苗穴旁；待壮苗长至抽薹阶段，可施用显薹肥，通常将饼肥50~75 kg/亩、尿素7~10 kg/亩和复合肥15 kg/亩混合施用。植株抽薹期间，可根据其生长状态，隔10~15天追肥1次，促进植株不断抽新薹。

## （四）及时采收

一般在菜心菜薹高及叶片的先端，已有初花或即将有初花，即所谓的"齐口花"时期，为适宜的采收期。根据商品需求，也可在"齐口花"之前采收。收获标准为薹粗，节间稀疏，薹叶少而细，达到初花。未达此标准则太嫩，超过时则太老，品质差。菜薹包括主薹和侧薹，早熟品种以主薹为主，中熟、晚熟品种兼收侧薹。夏季栽培菜心以采收主薹为主，一般不采收侧薹。应按统一规格进行分级采收，使产品整齐度高。采收时，可用小刀从茎伸长处切断，切口要平整，菜体保持完整且大小、长短均匀一致。采收后立即进行清洁和包装。采收菜薹宜在早晨进行，采收后可在菜薹上面洒些水，保持湿润。一般早熟品种收获期较短，晚熟品种收获期较长（最长的10~15天）。

红菜薹抽薹长至25 cm左右即可采收。红菜薹采收时间应当依据品种、当地气候条件而定，采收时间段应选在下午，避免红菜薹采收后伤口无法愈合；采收尽可能在晴天，下雨天采收可能致使红菜薹感染病菌。采收红菜薹时，对红菜薹进行掐芯，保留红菜薹的大片叶，侧薹采收时底部需留3~5片叶，保证第二次采收有新薹抽出。采收完成后，可对红菜薹进行加工处理，将老叶、黄叶及过长的薹茎掐掉，再捆成小束售卖。

# 五、病虫害防治

## （一）主要虫害防治

### 1. 黄条跳甲

黄条跳甲又称狗虱仔、狗虱虫、菜虱子等，体长约2 mm。幼虫危害根皮、根须；成虫危害叶片、叶柄、花等，咬食叶片造成小孔洞、缺刻。3—5月、10—12月为害严重。

防治方法：在发病前期，用5%氟虫腈种衣剂拌种，每千克种子用药50 mL。发病时，选用杀虫单可湿性粉剂800倍液、25%噻虫嗪水分散粒剂3000倍液、98%巴丹原粉1000~1200倍液喷施或淋施。

## 2. 小菜蛾

该虫体形较小、生长周期短,主要危害植株叶片。初龄幼虫通过食用植株叶片,将叶片表皮吃光,形成透明状的小窗;3～4龄幼虫将叶片吃成小孔状,严重时植株叶片形成网状。

防治方法:在小菜蛾低龄幼虫发生始盛期,选用5%虫螨腈悬浮剂60～80 mL/亩、15%氰氟虫腙悬浮剂60～80 mL/亩喷施,喷施时应均匀。每季作物最多可使用2次,连续使用时应间隔7天。

## 3. 甜菜夜蛾

该虫是蔬菜中常见的虫害之一,以幼虫啃食叶肉对植株造成危害,严重时可啃光叶肉,只剩叶脉。同时,该虫繁殖能力强,对蔬菜的危害较大。

防治方法:在甜菜夜蛾卵孵化期至幼虫低龄期,用20%虫酰肼悬浮剂70～100 mL/亩兑水45 L喷施,视虫害发生情况,隔7天左右施药1次,可连续用药2次。

## 4. 菜蚜(蚜虫)

秋季干旱时危害严重,留种田最多,危害菜薹和花,还可传染病毒病。

防治方法:选用10%吡虫啉可湿性粉剂1000倍液、3%啶虫脒乳油1000倍液、50%抗蚜威可湿性粉剂1500～2000倍液。

### (二)主要病害防治

## 1. 花叶病(病毒病)

菜心感染后,首先在新长出的嫩叶上产生明脉症,随后呈花叶症状,病叶畸形,植株矮化。

防治方法:该病目前尚无有效的药剂防治方法,只能综合防治。不要与染病白菜、菜心连作;选用抗病品种,清除前茬残余和杂草;大田种植要选不易被蚜虫危害的作物,如辣椒、芥蓝头等,消灭蚜虫传染源。

## 2. 丝核菌叶片腐烂病

6—8月高温多雨时节发生最盛,危害叶片。初呈水烫状湿腐病斑,扩大后变为不规则形状,干燥后变为灰白色,在湿腐处密布蛛网状菌丝体,后变为棕褐色的菌核,易蔓延。

防治方法:用25%多菌灵可湿性粉剂600倍液喷施。

## 3. 软腐病

病害多从伤口入侵。初呈透明水渍状,2～3天后变成灰色或褐色,表皮稍下陷,上面有白色细菌黏液,发出恶臭。菜薹收获时易发生。

防治方法:选用抗病品种;避免机械损伤和虫伤;田间空气相对湿度不能过大;77%氢氧化铜可湿性粉剂500倍液喷施,或用30%氧氯化铜800倍液等淋施。

### 4. 霜霉病

病斑初呈水浸状淡黄色，周缘不明显，以后为多角形状或不规则形的黄褐色病斑。

防治方法：选用68%甲霜灵·锰锌可湿性粉剂800~1000倍液、50%烯酰吗啉可湿性粉剂1500倍液、72%霜霉威盐酸盐600倍液、72%霜脲·锰锌可湿性粉剂500~750倍液等喷施。

### 5. 黑腐病

通常贯穿植株的整个生长期。叶片症状表现最为明显，一般从植株下缘开始发生，病斑由叶缘向内呈"V"字形扩展，病斑中心颜色呈黄褐色，四周呈浅黄色。病斑随叶片的生长逐渐扩大，从而导致叶脉和叶柄发黑、枯萎，最后坏死。该病还可从叶片蔓延至叶柄，也可由创面侵害叶柄，造成叶柄和茎部溃烂。严重时，可直接导致植株死亡。

防治方法：播种前，可直接对种子采取高温消毒的方法，将种子放入55℃的拌有药剂的温水中浸泡15~20 min，浸泡后再播种；也可在红菜薹黑腐病发病前或发生初期，用2%春雷霉素水剂75~120 mL/亩喷施，隔7天左右喷1次，共喷3次。

### 6. 黑斑病

阴雨天气，潮湿的回暖天常发生流行。主要危害叶片、叶柄、子叶。

防治方法：以预防为主，进行种子消毒、田园清洁。可用百可宁、百菌清、托布津、灭病威。

# 第十二节 上海青（瓢儿白）春夏错季栽培技术

上海青（瓢儿白）为十字花科一年或二年生草本植物，富含维生素 $B_2$ 和膳食纤维，能增强血管弹性，改善便秘，抑制溃疡，常食对皮肤和眼睛有很好的保健效果，是贵州省普遍栽培的蔬菜品种之一。

## 一、主要特征特性

株高 25 ~ 70 cm，无毛，带粉霜。根粗，坚硬，常呈纺锤形。植株直立，头大束腰，叶倒卵形或宽倒卵形，长 20 ~ 30 cm，深绿色，有光泽，叶柄宽、扁、坚实。质嫩，味甜，口感好。

## 二、对环境条件的要求

喜冷凉，在 18 ~ 20 ℃、光照充足的条件下生长良好，-2 ~ 3 ℃可安全越冬。有些品种也可在夏季栽培，栽培土壤以远离污染源，地势平坦，水源充足，排灌方便，土层深厚、疏松、肥沃、富含有机质的砂壤土为佳。避免与十字花科作物连作。

## 三、类型及品种

### （一）类型

属普通白菜变种青梗类型。通常植株矮小，叶片绿色、开展，叶柄肥厚，短缩茎上的叶片抱合成筒状莲座叶，部分植株束腰呈"花瓶状"。

### （二）品种

春夏错季栽培宜选用耐低温、耐抽薹、抗病、优质、丰产、生长迅速、抗逆性强、商品性好的早熟、中熟品种，如美冠、苏州青、上海五月慢、原种上海青、金品冬春、德高558、春秀、德高跃华等。

**1. 美冠**

冬春耐寒晚抽薹品种，株型较高，长势旺。叶柄浅绿色、轻束腰，基部肥大多肉，形状优美，整齐度好；叶片浓绿、较平展，商品整齐度好。抗寒性好，播种期从 9 月到次年 3 月。

## 2. 苏州青

株型直立，株高 25 cm 左右，矮桩、束腰。叶片大、深绿色、圆形，叶肉厚，叶柄匙形。粗纤维少，口感好，冬性强，抽薹开花晚，较抗白斑病、霜霉病，商品性好。

## 3. 上海五月慢

植株长势强，株高 30 cm 左右。叶柄扁平，微凹，呈匙形，白绿色；叶片卵圆形，叶脉细而稀，叶面平滑，深绿色，全缘。纤维少，品质好，耐寒，冬性强，不易抽薹。

## 4. 原种上海青

植株直立，高 25 cm 左右。叶片卵圆形，叶缘内卷，似汤匙状，浅绿色；叶柄和叶脉均为绿白色，耐高低温，可全年栽培，品质佳。春夏直播 30 天左右可采收上市，秋季栽培生长期 70 天左右。

## 5. 金品冬春

属新一代冬春季品种，低温时生长性好，头大束腰，梗色绿，叶色亮绿。商品性好，产量高，耐抽薹性强。

## 6. 德高 558

春秋露地、冬春大棚专用品种，株型较直立，抱合紧凑。叶面平展、光滑，头大束腰；叶柄亮绿。品质优秀，熟食无渣，口感清香。冬性强，适合大棚种植和春季、秋季露地栽培。

## 7. 春秀

属青梗菜新品种。叶色浓绿，叶柄鲜绿且有光泽，束腰。耐寒性好，耐抽薹性佳，产量高，是冬季、春季栽培的优良品种。

## 8. 德高跃华

一代杂交种，整齐一致，株型较直立，紧凑，束腰美观。叶面平，嫩绿色；叶柄宽，基部肥厚，淡绿色。抗病能力强，耐热，风味、品质俱佳。

# 四、栽培技术

## （一）播种育苗

### 1. 播种时间

春夏错季栽培时间一般在 2 月下旬至 4 月上旬，其中 2 月下旬至 3 月中旬须保温育苗（气温稳定在 15 ℃以上）。

## 2. 播种量

育苗移栽，大田用种量 80 ~ 100 g / 亩；撒播或开沟条播，大田用种量 200 ~ 250 g / 亩。

## 3. 种子处理

播种前晒种 2 ~ 3 天，晒种后放在阴凉处散热，然后将种子置于 55 ℃ 温水中浸种 20 min 并不停搅拌，捞出晾干，再用高巧（吡虫啉）5 mL + 齐美新（咯菌·精甲霜）5 mL + 碧护 1 g 兑水 10 ~ 20 mL 混合拌种（可拌种 400 g），晾干后即可播种。

## （二）整地施肥、开厢起垄

### 1. 整地施肥

清除前茬残渣废物，翻耕土地，每亩施腐熟有机肥 2000 kg、高效三元复混肥 20 ~ 30 kg、钙镁磷肥 25 kg 作基肥，然后再打碎、耙平。尽量不要用鸡、鸭等的粪便为原料生产的有机肥料。

### 2. 开厢起垄

按 1.8 m 包沟、开厢、起垄，厢宽 1.4 m、高 15 ~ 20 cm、沟宽 0.4 m，厢面整细，略呈龟背形。为方便田间管理，厢长一般不超过 15 m，四周开好排水沟。

## （三）播种方式

### 1. 育苗移栽

育苗：2 月下旬至 3 月中旬，采用大棚或小拱棚覆盖育苗。苗床应选择背风向阳、土壤肥沃、取水方便、前茬未种过十字花科作物的地块。每亩大田需要苗床 25 m² 左右。播种前，每 25 m² 苗床施入 2 ~ 3 kg 钙镁磷肥 +100 kg 充分腐熟的有机肥，再翻整土地，按 1.2 m 开厢起垄，细碎厢土，平整厢面。然后将种子与 50 倍左右的过筛细土充分混合拌匀，分 3 ~ 4 次均匀撒播种子，播种后覆盖过筛细土 1.0 ~ 1.5 cm，洒水保湿，盖膜保温。

苗期管理："2 叶 1 心"后，本着"间小留大、间弱留强、间病留壮、间杂留纯、间密留稀"的原则间苗 1 ~ 2 次，保持株距 3 ~ 4 cm，间苗后适当追肥。适时通风换气，苗床温度保持在 15 ~ 25 ℃ 之间，移栽前 5 ~ 7 天逐步揭除小拱棚或大棚以通风炼苗，起苗前 1 天苗床浇透水，以免起苗时幼苗根系受损，可提高移栽成活率。

移栽：苗龄 25 ~ 30 天左右，4 ~ 5 叶时移栽定植。每厢定植 7 行，株距 16 ~ 18 cm，保持基本苗为 15 000 株 / 亩左右，移栽后浇足定根水。

### 2. 撒播或开沟条播

撒播：厢面整好后，用种量 200 ~ 250 g / 亩，混合 30 ~ 50 倍细土分 2 ~ 3 次均匀撒播，播种后用竹扫帚在畦面上轻扫，让种子与土壤充分接触，或覆盖细土 1.0 ~ 1.5 cm，浇透水保湿。

开沟条播：在整好的厢面上，用简易播种机或人工按行距 20 cm 沿厢面长边方向开沟播种，播种后用竹扫帚在畦面上轻扫，让种子与土壤充分接触或覆盖细土厚 1.0 ~ 1.5 cm，浇透水保湿。

间苗、补苗：在长出 2 ~ 3 片真叶时进行第一次间苗，间除过密苗、高脚苗、弱苗和病虫苗；在长出 4 ~ 5 片真叶时结合第二次间苗进行补苗，间距 12 ~ 15 cm，保持基本苗为 20 000 株 / 亩左右。

### （四）田间管理

水分管理上见干见湿。分别于"4 叶 1 心""6 叶 1 心""8 叶 1 心"时用 0.6% 的三元复合肥或用 0.3% ~ 0.5% 尿素 +0.3% 磷酸二氢钾喷施；或用 45% 三元复合肥 20 kg+46% 尿素 10 kg 撒施，撒施后抽水喷灌，以免肥料落在叶上，引起烧苗。浇水要求做到即灌即排，不能漫灌，雨天后及时排水防涝。收获前 10 天停止追肥，避免硝酸盐、亚硝酸盐含量超标。

### （五）适时采收

外叶叶色开始变淡，基部外叶变黄，心叶伸长与外叶齐平或达到目标市场要求、质量安全符合国家标准，便可采收。采收最好在清晨或傍晚进行，采收后要及时用清洁、无毒、无害的遮盖物进行遮盖，防止失水萎蔫，影响品质。

## 五、病虫草害防治

### （一）主要虫害防治

主要虫害有小菜蛾、菜青虫、甘蓝夜蛾、斜纹夜蛾、潜叶蝇、蚜虫、跳甲、小地老虎、根蛆等。

#### 1. 小菜蛾

小菜蛾属鳞翅目菜蛾科，又名小青虫。初龄幼虫仅取食叶肉，留下表皮，在菜叶上形成一个个透明的斑，俗称"开天窗"；3 ~ 4 龄幼虫可将菜叶食成孔洞状，造成缺刻，严重时全叶被吃成网状。

防治方法：选用 2.5% 高效氯氟氰菊酯 2000 倍液、16% 甲维·茚虫威 2000 ~ 3000 倍液、2.5% 菜喜 1000 ~ 1500 倍液、2% 阿维菌素 1200 ~ 1500 倍液、25% 灭幼脲 1500 ~ 2500 倍液、5% 氯虫苯甲酰胺 1000 ~ 1500 倍液交替防治。

#### 2. 菜青虫

菜青虫属鳞翅目粉蝶科，成虫称菜白蝶、菜粉蝶，幼虫称菜青虫，主要危害叶片。2 龄前啃食叶肉，留下 1 层透明的表皮；3 龄后蚕食整个叶片，严重时仅剩叶脉。

防治方法：同上述"小菜蛾"。

## 3. 甘蓝夜蛾

甘蓝夜蛾属鳞翅目夜蛾科,主要以幼虫危害叶片。初孵化时的幼虫围在一起危害叶片背面,白天不动,夜晚活动啃食叶片,残留下表皮;4龄以后白天潜伏在叶片下、菜心、地表或根周围的土壤中,夜间出来活动,形成暴食,严重时往往能把叶肉吃光,仅剩叶脉和叶柄,吃完一处再成群结队迁移他处危害。

防治方法:同上述"小菜蛾"。

## 4. 斜纹夜蛾

斜纹夜蛾属鳞翅目夜蛾科,主要以幼虫危害。幼虫食性杂且食量大,初孵幼虫危害叶片背面,取食叶肉,仅留下表皮;3龄以后造成叶片缺刻、残缺不全甚至全部吃光,蚕食花蕾造成缺损,容易暴发成灾。

防治方法:同上述"小菜蛾"。

## 5. 潜叶蝇

潜叶蝇属于双翅目蝇类,具有舐吸式口器。主要以幼虫钻入叶片潜食叶肉组织,造成叶片呈现不规则白色条斑。

防治方法:及时喷药防治成虫,防止成虫产卵。选用50%环丙氨嗪1500~2000倍液。

## 6. 蚜虫

蚜虫属同翅目蚜科。成虫和若虫危害叶背,刺吸汁液,造成叶片卷缩变形,植株生长不良,同时可传播病毒病。

防治方法:以农业防治为基础,加强栽培管理,以培育出"无虫苗"为主要措施,合理使用化学农药,积极开展物理防治。发现蚜虫危害时,可用10%吡虫啉1500倍液、0.5%苦参碱600倍液或经双层纱布过滤的沼液交替防治。

## 7. 跳甲

跳甲属鞘翅目叶甲科,成虫食叶,严重时被害叶片出现无数的孔洞。刚出土的幼苗子叶被吃后,整株死亡,造成缺苗断垄。幼虫蛀食根皮,咬断须根,使植株萎蔫、枯死,并传播软腐病。

防治方法:选用40%虫腈·哒螨灵1500~1800倍液、30%啶虫脒3000倍液、37%联苯·噻虫胺5000倍液交替防治。

## 8. 小地老虎

小地老虎属鳞翅目夜蛾科,幼虫俗称土蚕、切根虫、夜盗虫等,幼虫危害根茎。

防治方法:选用5%氯虫苯甲酰胺1000~1500倍液、5%氟铃脲300倍液、5%高效氯氰菊酯3000~4000倍液、1%噻虫胺颗粒剂2~3kg/亩交替防治。

## 9. 根蛆

根蛆属双翅目花蝇科,钻入地下危害根茎和幼苗,导致植株死亡。

防治方法:同上述"小地老虎"。

## （二）主要病害防治

主要病害有霜霉病、软腐病、炭疽病、黑斑病、病毒病、褐斑病等。

### 1. 霜霉病

霜霉病属真菌性病害，主要危害叶片。发病时叶面出现淡绿色病斑，逐渐扩大为黄褐色，病斑因受叶脉限制而呈不规则形状或多角形，湿度大时叶背病部产生白色霜状霉层，严重时叶片呈黄褐色干枯。

防治方法：选用 35% 咪鲜·乙蒜素 1000～1500 倍液、80% 烯酰吗啉·噻霉酮 3000 倍液、58% 甲霜灵·锰锌 1500 倍液、40% 百菌清 600～800 倍液交替防治。

### 2. 软腐病

软腐病属细菌性病害，病株外叶叶缘和叶柄呈褐色软腐水浸状，有黏液、臭味。腐烂的病叶在高温干燥条件下，失水变干，呈薄纸状，紧贴叶球；也有的外叶平贴地面，使叶球外露呈脱帮状。根部感病组织溃烂，伴有灰褐色黏稠状物流出，散发恶臭味。

防治方法：选用 50% 氯溴异氰尿酸 1000～1500 倍液、70% 新植霉素 4000 倍液等交替防治。

### 3. 炭疽病

炭疽病属真菌性病害，主要危害叶片和叶柄。发病初期叶片上出现白色水渍状斑点，逐渐扩大为灰褐色圆斑，病斑边缘微凸起，后期斑块中央呈半透明状，叶脉病斑呈褐色长椭圆形并明显凹陷，潮湿时发病部位出现红色黏状物。

防治方法：可用 2 亿活孢子 /g 木霉菌 200 倍液、80% 代森锰锌 500 倍～600 倍液、80% 福·福锌 500～600 倍液、80% 多菌灵 500～1000 倍液防治。

### 4. 黑斑病

黑斑病属真菌性病害，叶片染病多从外叶开始，呈淡绿色至暗褐色圆形斑，且有明显的同心轮纹，周缘有黄色晕圈。湿度大时，病斑上生出黑色霉状物。干燥条件下，病部易穿孔，发病严重的，病斑汇合成大的斑块，致整叶枯死，全株叶片由外向内干枯。"菜帮"病斑呈长梭形暗褐色凹陷，具轮纹。

防治方法：同上述"炭疽病"。

### 5. 病毒病

叶片染病后皱缩，质硬而脆，叶背主脉上生褐色稍凹陷坏死条斑，有的新叶叶脉失绿，有的呈现黄绿相间的斑驳或花叶，植株矮化、畸形。该病主要通过蚜虫或接触传播。

防治方法：首先要认真防治蚜虫及减少人为接触传播，同时选用抗病品种，加强肥水管理，培育壮株，增强抗病能力。在发病初期，选用 8% 宁南霉素 800～1000 倍液、50% 氯溴异氰尿酸 1000～1500 倍液、1% 香菇多糖 1000 倍液等交替防治。

## 6. 褐斑病

褐斑病属真菌性病害，主要发生在外叶上。初生水浸状圆形或近圆形小斑点，扩大后成为多角形或不规则形状浅黄白色斑。病斑大小 0.5 ～ 6.0mm，有的受叶脉限制，病斑略凸起。

防治方法：选用 45% 石灰硫黄合剂（简称"石硫合剂"）100 ～ 200 倍液、75% 百菌清 + 50% 退菌特 600 ～ 800 倍液、40% 苯醚甲环唑 2000 ～ 1500 倍液、45% 咪鲜胺 1000 ～ 1500 倍液交替防治。

### （三）草害防治

加强苗期人工除草力度，防止草高于苗，整个生育期适度中耕除草，禁止使用任何除草剂。

## 第十三节　芥蓝春夏错季栽培技术

芥蓝别名紫芥蓝、芥蓝菜属十字花科芸薹属甘蓝类蔬菜，一年或二年生草本植物，以肥嫩的花薹、嫩叶及薹生叶片供食用，质脆嫩、清甜，是原产我国南方地区的特产蔬菜，栽培历史悠久。芥蓝质地脆嫩，营养丰富，含多种维生素和矿物质，且栽培比较容易，产量较高，经济效益好，深受生产者和消费者的欢迎，产品除国内市场销售外，还有大宗出口，特别是东南亚及港澳地区，需求量在不断增加，发展前景可观，是一种值得大力推广的薹用速生蔬菜。

### 一、主要特征特性

芥蓝的根系浅，主根不发达，须根较多，根系主要分布在 15～20 cm 的耕作层内。根系的再生能力强，容易发生不定根，所以利于移栽缓苗。

芥蓝的幼苗与甘蓝的幼苗很相似，叶为单叶互生，子叶呈肾形；基生叶很小，呈瓢形；幼苗叶与叶簇生长期发生的叶片，因品种不同而呈现长卵形、近圆形、圆形等；薹叶小而稀疏。叶片颜色为灰绿色至浅绿色，有蜡粉；叶面光滑或皱缩，基部深裂呈耳状裂片；叶柄较长，青绿色。

芥蓝在花芽分化前，茎的节间短缩，簇生叶片；花芽分化后，植株的短缩茎迅速膨大，顶芽现蕾、抽薹、开花，花茎直立，节间较稀，为肉质，绿色，脆嫩清香。花茎的分生能力较强，当主薹采收后，叶腋处的腋芽能迅速生长，抽生成侧薹，侧薹采收后，其基部腋芽又可迅速生长，故可多次采收。

当芥蓝的花茎不断伸长、分枝，形成复总状花序。花为完全花，花色有白和黄两种。芥蓝的果实为长角果，内含多粒种子。种子细小，近圆形，褐色或黑褐色，千粒重 3.5～4.0 g。

### 二、对环境条件的要求

温度：芥蓝喜温暖湿润的气候条件，耐热性较强，其耐高温的能力在甘蓝类蔬菜中最强，适应性强的品种甚至在 30 ℃ 的高温条件下也能正常生长。种子发芽和幼苗生长的适宜温度为 25～30 ℃，温度在 20 ℃ 以下时生长缓慢。叶簇生长期适宜温度为 15～25 ℃，生长时间以 20～30 天为宜。如果生长时间过短，植株的叶面积小，光合产物少，会导致抽生的菜薹细小；生长时间过长，叶片过分生长，不但推迟采收时间，而且菜薹组织老化、粗糙，品质差。花薹发育的最适温度为 15～20 ℃，自现薹至主花薹采收 10～15 天，如遇 30 ℃ 以上的高温对花薹的发育不利，形成的菜薹纤细、品质差，15 ℃ 以下时生长缓慢。在芥蓝的整个生育期，喜较大的昼夜温差，不但可促进花芽分化，还可减少夜间损耗，对营养物质的积累、提高产量、改善品质有极大的作用。

日照：芥蓝属长日照植物，现有的优良品种对日照时间的要求不严格，日照的长短对植株生长发育的快慢没有明显影响。但在整个生长发育过程中，均需要良好的光照，促进叶簇生长，增加光合产物，促使花薹肥大。

水分：芥蓝的根系浅，分枝旺盛，采收期较长，一般喜欢保水、保肥能力强的壤土或砂壤土。芥蓝不耐干旱，在整个生长期内，均要求湿润的土壤环境，土壤湿度以 80% ~ 90% 为宜。芥蓝的耐涝力较强，但土壤湿度过大或田间积水将影响根系的正常生长，同时易引发软腐病和霜霉病的发生。

养分：芥蓝对钾、氮的需求量较大，对磷的需求量较小。幼苗期生长较缓慢，需肥量较少，花芽分化后，花薹生长迅速，需肥量最大。由于芥蓝的生长周期短，各时期对氮、磷、钾的吸收量又不同，所以在生产上应重施以有机肥为主的基肥，并适当追施氮肥、钾肥。

## 三、类型及品种

### （一）类型

根据花的颜色，芥蓝有白花芥蓝和黄花芥蓝两大类，在生产上多以白花芥蓝为主。黄花芥蓝以幼嫩植株为蔬菜产品，白花芥蓝主要以肥嫩的花薹及其嫩叶为蔬菜产品。

### （二）品种

选择商品性好、产量高、抗病性和抗逆性好的品种，如中花芥蓝、绿宝芥蓝、福建黄花芥蓝等。

#### 1. 中花芥蓝

广州市蔬菜科学研究所选育品种。株高 36 cm，开展度 32 cm。叶近圆形，深绿色，叶面微皱；薹叶披针形，主薹高 24 cm，横径 1.8 cm，重 55 g。生长势强，适应性广，侧薹萌发力中等，较耐热，较抗霜霉病，品质优良。中熟品种，播种至初收 60 天，采收期 40 ~ 50 天，亩产量 1500 ~ 1800 kg。

#### 2. 绿宝芥蓝

广东省良种引进服务公司选育品种。绿宝芥蓝为杂交一代芥蓝早熟品种，丰产性较好。植株健壮，株形美观，生长整齐，商品性较好，纤维少，品质优，耐热性较强，适应性广。从播种至初收需 45 ~ 50 天。

#### 3. 福建黄花芥蓝

福建省福州市郊区地方品种，已有 100 多年的栽培历史。株高约 25 cm，茎短缩，紫红色。叶簇生、直立、呈匙形，叶缘有波状缺刻，叶面蓝绿色，叶柄和叶脉绿带紫色，叶面光滑，有蜡粉，叶片长约 35 cm、宽约 13 cm。早熟品种，从播种至初收约需 60 天。耐热，较耐寒，抗病性强，味香略甜。亩产量约为 1250 kg，最高可达 1500 kg。

# 四、栽培技术

## （一）播种育苗

### 1.播种

芥蓝可直播，也可育苗移栽。苗床地应选择排灌方便、土壤肥沃的砂壤土或壤土，前茬最好不是十字花科作物的地块。春季栽培于2月上旬育苗，3月上旬定植。

播种前对育苗地进行深翻、晾晒，每亩施2500～3000 kg腐熟农家肥、40 kg复合肥作基肥，充分混匀、耙细、整平。播种前浇透底水，待水渗下以后再进行撒播。为了播种均匀，可以将种子掺上2～3倍的细土，均匀撒于畦面；为培育壮苗，播种不宜过密，每平方米的播种量控制在3 g左右。芥蓝种植密度大，用种量比其他甘蓝类蔬菜多，一般为75～100 g / 亩。播种后均匀覆盖厚0.5～1.0 cm的过筛细土，并盖草保湿，盖土宜浅不宜深，便于种子出苗。

### 2.苗期管理

种子一般2～3天出苗，出苗后揭去覆盖物，如高温育苗还应搭遮阳棚。幼苗期应注意随时浇水，要始终保持畦面湿润，保证出苗整齐，如在早春播种，气温较低，应适当少浇水，以见干见湿为宜。出苗后间苗2～3次，以利于通风透光，培育壮苗。间苗最好在晴天中午进行，因为有些根部生长不良或被虫咬伤的苗，只有在中午时易表现萎蔫，一些病苗的症状也易于鉴别。间苗后结合浇水，每亩用尿素5～10 kg或15%腐熟的清粪水200～500 kg及时进行追肥，苗期追肥一般进行2～3次，应做到薄施勤施，促进幼苗健壮生长。

## （二）整地定植

苗龄在25天左右，植株真叶达到5片以上时即可进行定植。移栽适宜在晴天下午或阴雨天进行，栽苗前给苗床浇1次透水，以便于起苗。最好带土移栽，避免伤根，缩短缓苗期。起苗时选择生长好、茎粗壮、叶面积较大的嫩壮苗。定植的株行距因品种不同而有一定的差别，一般早熟品种为15 cm×20 cm，中熟品种为20 cm×25 cm，晚熟品种为25 cm×30 cm。栽苗不宜过深，以保持苗坨的土面与地面平行或略低一些为宜，定植后浇足定根水，以恢复长势。

## （三）田间管理

芥蓝的根系较浅，而需肥量又较大，所以施肥应根据不同生长发育阶段的要求，做到适时、适量。一般缓苗后3～4天结合浇水追施少量的氮肥，进入叶簇生长期适当控制浇水，以土壤见干见湿为宜，促进花芽分化。此时追肥应做到勤施薄施，最好每隔7～10天施1次10%～20%粪水。缓苗后20天左右，花芽分化即将完成时，应重施促薹肥，以保证主薹的产量和品质，一般每亩用尿素10～20 kg、复合肥40 kg撒施，或用30%～50%粪水淋施，同时增加浇水次数，保持土壤湿润，以使花薹鲜嫩。主薹采收后，要促进侧薹的生长，追肥的用法、用量与促薹肥的基本相同。

芥蓝前期生长较慢，株行间易生杂草，要及时进行中耕除草，疏松表土。花芽分化后，主茎由细变粗，基部相对变细，植株头重脚轻，容易倒伏，要结合中耕进行培土、培肥。

当主花薹的高度与叶片高度相同，花蕾欲开而未开，即"齐口花"时及时采收。采收工作应于晴天上午进行，当中午气温高时，有利于切口的愈合。主菜薹采收时，采收节位不宜过高，以免造成侧薹细小，一般在植株基部 4 ~ 6 叶节处稍斜切下，防止伤口处积水腐烂。切下的菜薹要把其切口修平，防止产品的水分流失。侧菜薹的采收则在薹基部 1 ~ 2 叶节处切取，便于侧菜薹的再次抽生。芥蓝较耐贮运，采收后如需要长途运输的应放于筐内，在 1 ~ 3 ℃恒温、96% 空气相对湿度的室内预冷，约 24 h 后便可包装运输。

## 五、病虫害防治

### （一）主要虫害防治

虫害防治方法参照"结球甘蓝春夏错季栽培技术"。

### （二）主要病害防治

病害防治方法参照"结球甘蓝春夏错季栽培技术"。

# 第十四节　芫荽春夏错季栽培技术

　　芫荽俗称香菜，是伞形科芫荽属植物，原产于地中海沿岸，相传是汉代从西域传入我国。目前，我国各地均有栽培。芫荽的主要经济器官是叶片和种子，在我国主要是收获鲜嫩植株作为蔬菜或调味品使用，在其他国家如埃及、以色列、印度等主要以芫荽种子作为香料添加到食物中。芫荽香味独特，富含丰富的糖类、矿物质、维生素 C、胡萝卜素及铁、钙、磷等营养物质。芫荽含有挥发性物质，如甘露醇、正癸醛等，能去除肉类的腥膻味，并可促进人体的唾液分泌，加速肠道蠕动。芫荽还有一定的药用功效，可发汗、健胃、消食、利尿、祛风等，对溃疡、风湿有一定疗效。香菜籽还可以用于精油、香料的制作，具有减轻晕眩感和增强记忆力的功效。

## 一、主要特征特性

　　芫荽一般株高 20 ~ 60 cm，主根较粗壮，色白，根系分布较浅。茎短，呈圆柱状，中空，有纵向条纹。叶互生，为 1 ~ 3 回羽状全裂，绿色或浅紫色，有特殊香味。植株顶端着生复伞形花序，花小，白色。双悬果球形，果面有棱，内有种子 2 枚，千粒重 2 ~ 3 g。

## 二、对环境条件的要求

　　芫荽喜欢冷凉，具有一定的耐寒力，不耐热，最适生长温度为 17 ~ 20 ℃，短时间可忍耐 -8 ~ 10 ℃的低温，期间它的叶和叶柄颜色变紫，待温度回升后仍可恢复正常生长。生长环境温度超过 20 ℃则生长缓慢，30 ℃以上停止生长。芫荽幼苗在 2 ~ 5 ℃低温下，经过 10 ~ 20 天可完成春化，在长日照条件下抽薹，须经 13 ℃以下的较低温度才能抽薹开花。

　　芫荽的适应性较强，营养生长时期的植株既可度过酷暑，也能在简易覆盖条件下经受较长时间的严寒。但以日照较短、气温较低的秋季栽培产量高、品质好。

## 三、类型及品种

### （一）类型

　　根据芫荽叶片的大小可分为大叶品种和小叶品种。大叶品种的植株较高，叶片大，产量高；小叶品种的植株较矮，叶片小，香味浓，耐寒，适应性强，但产量稍低。

## （二）品种

### 1. 大叶品种

白杆大叶芫荽：贵州遵义地方品种。该品种植株较高，茎秆白色。抗病性、抗逆性强，香味浓郁，适合初春及秋季栽培。

庆云大叶芫荽：山东庆云地方优良品种。该品种生长势强，株高 60 cm，叶和叶柄翠绿色，质脆，甜味适中，香味浓郁，耐抽薹，耐贮藏。

意大利四季耐抽薹芫荽：引自意大利。该品种株高 20 ~ 30 cm，株形美观，叶色翠绿，叶柄白绿色，叶片近圆形，边缘浅裂。抗热、耐寒、耐抽薹，抗病、避虫能力强。香味浓，纤维含量少，品质优。四季均可播种，易栽培，发芽较快，是反季节种植的理想品种。

美国大油叶：引自美国。株高达 100 cm，有强烈的香气，根部细长，羽片广卵形或扇形，边缘有钝锯齿、缺刻或者深裂。花白色或单紫色。该品种耐寒性强，能耐 2 ~ 5 ℃低温，生长期短，易于栽培。

澳洲大叶香菜：引自澳大利亚。该品种长势强壮，生长速度快，休眠期短，发芽快，高而粗大。株高 25 ~ 30 cm，叶片肥大油亮，边缘缺刻浅，颜色翠绿，香味浓。耐寒、耐热能力强，一年四季均可种植且不易抽薹。

新西兰大叶芫荽：引自新西兰。该品种叶柄白绿色，叶片大、圆，叶缘深裂，叶色绿色，生长势强。纤维含量低，香味浓郁，耐寒、耐旱、耐热能力强，耐抽薹，抗病强。

丹福：美国公司培育品种。最早引自我国河南。该品种植株较大，叶柄粗壮、白绿色，叶片肥厚，香味浓郁。耐热性、耐抽薹性好，抗病能力强。产量高，商品性及贮运性好，适合夏季高温栽培。

泰国耐热芫荽：引自泰国。该品种株型优美，香味浓郁。耐抽薹，耐热性良好，抗病能力良好。

热带鱼：由荷兰公司选育出来的大叶芫荽。该品种生长速度快（播种 40 天即可采收），香味浓郁。耐抽薹，耐寒，较耐热，长势良好。

韩国大棵芫荽：别名韩国大棵香菜、长梗芫荽，以其棵大、产量高、香味浓而著称。该品种植株半直立，株高 40 ~ 50 cm。生长势强，单株叶片约 30 片。适应性广，耐寒能力强，抽薹晚，品质好，具有特殊的香味。

哈研油叶香菜：从国外引进、经本土改良后投入市场的品种。早熟，耐寒能力好，茎梗粗壮，叶片表面平滑，油亮、有光泽，颜色青绿色，香味浓烈。商品性佳，正常条件下出苗后 35 天即可采收上市，耐贮运，适合四季栽培。

### 2. 小叶品种

白花芫荽：又名青梗香菜，上海市地方品种。植株直立，株高 25 ~ 30 cm，香味浓。晚熟，品质优，生长期 60 ~ 85 天，生长快，抽薹晚。耐寒，喜肥，病虫害少，但产量较低。

紫花香菜：又名紫梗香菜。植株矮小，塌地生长。株高 7 cm，开展度 14 cm。香味浓，品质优良。早熟，播种后 30 天左右即可食用。耐寒，抗旱能力强，病虫害少。

遵义小叶芫荽：贵州遵义地方品种。该品种株高 21 cm，半直立，叶绿色，叶面平滑。抗病虫害能力强，抗逆性强，生育期 60 天左右。

金家山小叶芫荽：贵州贵阳地方品种。该品种株高 19 cm，半直立，叶绿色，抗病虫害能力强，抗逆性强，生育期 60 天左右。

都匀芫荽：贵州都匀地方品种。该品种植株矮小、香味浓郁，叶片平滑，叶柄略带紫色。抗病性中等，可全年栽培。

兴仁芫荽：贵州兴仁地方品种。叶柄绿色，叶浅绿色，叶面平滑，叶缘浅缺刻。抗病虫害能力强，抗逆性强。生育期 40 天左右，可全年栽培，有清香味。

遵义紫杆芫荽：贵州遵义地方品种。叶柄绿色，叶浅绿色，叶面平滑，叶圆形，叶缘有浅缺刻。抗病虫害能力较强，抗逆性强。生育期 40 天左右，可全年栽培，有清香味。

北京芫荽：北京地方品种。该品种株高 30 cm，开展度 35 cm，叶片绿色，遇低温绿色变深或带有紫晕，叶柄细长，浅绿色，叶质薄嫩，香味浓。耐寒能力强。

# 四、栽培技术

## （一）播种育苗

### 1. 品种选择

春夏季种植芫荽，选择耐抽薹、抗热、耐旱、抗病能力强的品种。

### 2. 整地播种

芫荽适宜在通透性好的土地种植。在整地时每亩施入腐熟的农家肥 2500 ~ 3000 kg、复合肥 20 ~ 30 kg，将肥料撒施均匀，旋耕土地后做畦，畦宽 130 ~ 150 cm、高 15 ~ 20 cm，要求畦面土壤细碎、疏松、平整。

### 3. 适时播种

贵州 3—4 月多发倒春寒，芫荽春播时，幼苗对温度敏感，经过 10 ~ 15 天低温极易春化抽薹，影响品质，所以春播不宜过早，可在 4 月中下旬至 6 月上旬进行播种。

芫荽种子外壳坚硬，播种前可将种子摊放在平整的地面上，用硬度适宜的器物均匀搓开，使其外壳破裂，碾破果皮后可用 1% 多菌灵可湿性粉剂 300 倍液浸种 0.5 h 后捞出洗净，再用 20 ~ 25 ℃水浸种催芽。

芫荽多采用直播，也可条播或撒播，每亩播种量为 1.5 ~ 2.0 kg。采用平畦条播时，在畦面开行距 8 cm、深约 2 cm 的小沟，播种后覆土镇压、浇水。采用撒播时，可直接撒于畦面，播种后撒 1 层薄土，浇透水。

## （二）田间管理

### 1. 肥水管理

春季芫荽生长前期气温较低，应少浇水，如果浇水过勤、过大，也会降低温度，影响其生长。原则上不旱不浇，前期少浇，后期多浇，保持土壤湿润即可。同时要追施氮肥 1～2 次，每次每亩施 10～15 kg；也可以在收获前 20 天左右进行根外追肥，选用尿素配置成 1.5% 浓度的溶液进行追施。

### 2. 间苗和中耕除草

芫荽撒播出苗后，幼苗会出现逐渐拥挤现场，当幼苗涨到 3 cm 左右时，按"去弱留壮、去密留稀"的原则进行间苗、定苗，使植株分布均匀。同时进行中耕除草，一般整个生长期要进行中耕、松土、除草 2～3 次。第一次在幼苗顶土时，用小耙子松土，消除板结的土层，同时拔除杂草，以利于幼苗出土生长，第二次在苗高 2～3 cm 时进行，适当松土并锄草，第三次在苗高 5～7 cm 时进行，促进幼苗旺盛生长。在芫荽的整个生育期要锄草，保证芫荽的生长空间，维持其生长适宜的温度、湿度条件。

### 3. 防抽薹

芫荽虽一年四季均可栽培，但春夏季市场仍供不应求，经济效益好。芫荽春夏季栽培技术要求较高，不仅会因为苗期低温春化而出现抽薹现象，也会因为春夏的长日照、高温等原因而抽薹，造成营养生长期短、产量低、质量差。预防芫荽抽薹主要采取以下措施。

选用耐抽薹品种：一般芫荽大叶品种比小叶品种耐抽薹，可选用耐抽薹、耐旱、抗病能力强、抗逆性强的大叶品种作为春夏季芫荽种植，如白杆大叶芫荽、庆云大叶芫荽、意大利四季耐抽薹芫荽、美国大油叶、澳洲大叶香菜、新西兰大叶芫荽、丹福、泰国耐热芫荽、热带鱼、韩国大棵芫荽、哈研油叶香菜等。

加强肥水管理：施足基肥，及时追肥，后期喷施叶面肥，增加营养，促进生长，遇干旱时要及时浇水，使土壤经常保持湿润状态，可有效防治芫荽抽薹。

遮阴降温：芫荽适宜生长温度为 17～20 ℃，超过 20 ℃生长缓慢，30 ℃以上则停止生长。芫荽种植期间遇高温会灼伤其叶片，植株生长不良，形成"龟缩苗"，容易引起抽薹。选用比芫荽高的作物进行套种，并适当遮阴，可有降温保墒、防治雨水冲刷、促进植株生长和避免抽薹的效果。

## （三）适时收获

通常芫荽在出苗后 35～40 天，植株高度达 20 cm，长出 10～20 片叶时，即可分批采收上市，每采收 1 次应追肥 1 次，亩产量 750～1000 kg。在采收前 7～10 天用 20 mg/L 的赤霉素溶液喷施，可提高产量。采收时连根挖起，去除泥土和老黄叶片及其他杂质，洗净后捆把上市销售。

# 五、病虫害防治

## （一）主要虫害防治

芫荽整株具有特殊的香辛味，因此虫害相对较少。主要虫害是蚜虫，选用 10% 吡虫啉 1500 倍液、0.5% 苦参碱 600 倍液、经双层纱布过滤的沼液交替喷施防治。

## （二）主要病害防治

### 1. 叶枯病和斑枯病

主要危害叶片、叶柄和茎。叶片感病后为橄榄色至黄褐色，不规则形状或近圆形小病斑，边缘明显，严重时病斑连片，至叶片干枯；叶柄和茎感病，病斑为条状或长椭圆形褐色斑。温暖、高湿利于发病。白天晴，夜间结露，或气温忽高忽低，植株生长不良，抗病力下降，则容易发病。

防治方法：发病初期，选用 65% 代森锰锌可湿性粉剂 600 倍液、75% 春雷霉素·氧氯化铜可湿性粉剂 600 ~ 800 倍液防治，隔 7 天喷 1 次。

### 2. 菌核病

菌核病主要侵染茎基部或茎分权处，病斑扩展环绕 1 圈后向上下发展，潮湿时发病部位长有白色菌丝，随后皮层腐烂，内有黑色菌核。

防治方法：可用 40% 菌核净可湿性粉剂 1000 ~ 1500 倍液喷施，隔 7 天喷 1 次，连喷 2 ~ 3 次。

### 3. 根腐病

多发于低洼、潮湿的地块，根系发病后，主根呈黄褐色或中褐色，软腐，极少须根，轻碰根系会断掉，地上部植株矮小，叶片枯黄，无商品性。根腐病应尽量避免在低洼地上种植，湿度不能长期过大。

防治方法：以土壤处理为主，可用多菌灵 1 kg 拌土 50 kg，播种前撒于种沟内，在易发病地块可结合浇水，灌入重茬剂 300 倍液。

# 第十五节　韭菜春夏栽培技术

韭菜为石蒜科葱属多年生宿根草本植物，味道鲜美，具有很高的食疗价值，有健脾胃、提神、散瘀、补肝肾、暖腰膝等功效。作为我国一种广受人们喜爱的传统蔬菜，韭菜是人们餐桌上常见的美食，其根、叶、花薹、花均可食用，且烹饪方法多样。韭菜在我国的栽培历史悠久，南北方均有栽培，其适应能力强，抗逆性好，可以露地栽培，亦可保护地栽培，且一年四季均可收割。因此，种植韭菜经济效益好，收益稳定。

## 一、主要特征特性

韭菜株高 20 ~ 45 cm。根呈弦线状的须根系，没有主根、侧根之分，主要分布于深 30 cm 的耕作层。茎有营养茎和花茎，一年或二年生营养茎短缩变态，呈盘状，称为鳞茎盘（图 29），由于分蘖和跳根，短缩茎逐渐向地表延伸生长，平均每年伸长 1 ~ 2 cm，鳞茎盘下方形成葫芦状的根状茎，其为韭菜贮藏养分的重要器官。叶片簇生，短缩于茎上，叶片呈扁平带状，可分为宽叶和窄叶；叶面有蜡粉，气孔陷入角质层。花序为锥形总苞包被的伞形花序，内有小花 20 ~ 30 朵；花两性，花冠白色，花被片 6 片，雄蕊 6 枚，子房上位，异花授粉。果实为蒴果，子房 3 室，每室内有胚珠 2 枚；成熟种子黑色，盾形，千粒重为 4 ~ 6 g。

## 二、对环境条件的要求

生产基地环境的选择对生产绿色韭菜很重要，应选择空气清新、水质洁净、周围区域无污染源的环境，且以土质疏松、地块平整、通光透亮、地力肥沃、排灌方便、pH 值为 6.5 ~ 7.5 的中性土壤为宜。此外，韭菜最适宜的生长温度为 12 ~ 24 ℃，最适宜的土壤湿度为 80% ~ 90%，最适宜的空气相对湿度为 60% ~ 70%。

## 三、类型及品种

### （一）类型

韭菜品种类型多样，根据叶片宽度可分为宽叶韭菜、中宽叶韭菜和窄叶韭菜。宽叶韭菜的平均叶片宽度在 1 cm 以上，叶片宽大肥厚，叶鞘粗壮，商品性好，但分蘖力相对较弱，因此宽叶韭菜品种适合密植；中宽叶韭菜的平均叶片宽度一般为 0.6 ~ 0.9 cm，这类品种商品性相对较好，分蘖力一般较强；窄叶韭菜平均叶片宽度在 0.6 cm 以下，植株个体发育较小，商品性相对较差，但分蘖力强，一般口感较好。韭菜根据休眠习性，又可分为休眠型韭菜、浅休眠型韭菜和不休眠型韭菜 3 类。休眠型韭菜因冬季气温降低，叶片全部枯死得早，春季恢复生长慢；浅休眠型韭菜在冬季叶片全部枯死得较晚，春季恢复生长快；不休眠型韭菜在冬季叶片部分枯死或一直生长，春季仍能发出新叶。根据食用部位，韭菜还可分为根韭、叶韭、花韭、薹韭、叶花兼用韭 5 种。

## （二）品种

韭菜春夏栽培可选用优质、高产、浅休眠、抗寒能力强、抗旱性好、抗病性强、适应性广、叶色翠绿、分蘖力较强、生长速度快的品种，如 861 韭菜、中科一号、中华神剑等。

## 四、栽培技术

### （一）播种育苗

#### 1. 种子处理

先将韭菜种子倒入清水中，除去干瘪种子及其他杂质，再用 45 ℃左右的温水浸泡，水不宜过多，以淹没种子为宜，浸泡 6 h 后取出，用清水洗去表面黏液，用湿毛巾包裹，再用塑料袋装好后放置于 27 ℃环境下催芽，每天清洗 1 次种子表面黏液，2 ~ 4 天种子露白 60%以上，待风干水分后即可播种。

#### 2. 播种

播种期选择：若想在次年 3—5 月采收韭菜，则需要在前一年的 8 月中下旬播种。

集约化潮汐式育苗（附图中图 30 至图 33）：将潮汐苗床中的杂物清扫干净，用消毒液消毒后再清水冲洗干净，待干燥后备用。因韭菜根系较发达，且播种的种子数量较多，故选用较大穴孔的育苗盘进行播种，预防韭菜盘根，影响后期生长。一般选用 50 穴、规格为 54 cm×28 cm 的育苗盘。在育苗盘中装入蔬菜专用育苗基质，每穴播种 15 ~ 20 粒，播种后盖 1 层厚约 0.5 cm 的基质。在播种的同时，在潮汐苗床中放入适量水，将播好种子的育苗盘整齐摆放在苗床上，待基质充分吸收水后，将苗床中多余的水放掉即可。

苗床育苗：播种前 1 周左右，在苗床上施入适量有机肥，然后深翻（约 30 cm），耙平、耙细，起厢宽 1.2 m 的苗床，育苗面积与定植面积的比约为 1∶3，视定植面积合理育苗。播种前将苗床浇透水，待水分全部渗透后，将处理好的种子拌入种子量 5 倍的细土中，在苗床上均匀地撒播，再浇上适量水。温度低时可选用塑料膜进行覆盖，以增温保湿。在出苗前需要保证苗床的湿度，在出苗后若盖有塑料膜等覆盖物，则需要揭开。

#### 3. 苗期管理

播种后加强苗期管理，未出苗前注意保持育苗基质或苗床土壤湿润。出苗后，见干浇水，整个苗期喷施 1 ~ 2 次植物蛋白叶面肥（如普绿通），苗期及时清除杂草，还要注意防治蚜虫与跳甲。

## （二）整地定植

结合整地，施商品有机肥 1000 ～ 2000 kg/ 亩、氮磷钾复合肥 20 ～ 30 kg/ 亩作为基肥。土地精细平整后起厢，厢面宽 1.2 ～ 1.6 m，沟宽 0.8 m，1 厢栽 4 ～ 6 行，每穴种约 15 株苗，穴行距（20 ～ 25）cm×（20 ～ 25）cm，种植密度 9 万～ 11 万株 / 亩。

当韭菜苗长至约 15 cm 高、每株苗均长出 5 ～ 7 片叶时进行定植，定植前 3 天停止浇水。定植过程中注意种植深度，以护住假茎为宜。不能种太深，禁止将土埋到种苗心叶；也不能种太浅，露出种苗根。定植后浇足定根水（附图中图 34 和图 35）。

## （三）田间管理

韭菜苗移栽存活后，视天气情况浇水或灌水，做到见干见湿。大雨后及时排水，防止涝害。秋季播种的韭菜在入冬前需要追施 1 次重肥，一般在重阳节前施入商品有机肥 500 ～ 1000 kg/ 亩、复合肥约 30 kg/ 亩。施肥采用撒施，结合施肥及时清除田间杂草，并带出田间，做到田园清洁（附图中图 36 和图 37）。

春季气温回暖前，要及时清除冬季韭菜休眠时枯死的叶片与田间杂草，再追肥 1 次，施肥量与入冬前的一致。春季气温不稳定，施肥、除草与浇水要趁晴天迅速完成，以便春夏季可及时采收上市。每收割 1 茬韭菜，待伤口愈合 2 ～ 3 天后，结合中耕松土、除草追施氮磷钾肥 20 kg/ 亩，视天气情况，施肥后可浇 1 次水。

春夏季连续收割 3 茬后，韭菜生长明显衰弱，此时应停止收割，及时中耕、施肥和浇水。仲夏气温较高、湿度较大，易发生霜霉病、锈病等，应注意病虫害的防治。

## （四）采收

生长 30 天后，可视市场价格情况适时采收，最好在晴天早上 10 点前或下午 4 点后收割。收割时，用锋利的镰刀在土面 1 ～ 2 cm 处稍倾斜割下，有利于韭菜汁液流出，使切口尽快干燥，从而不影响韭菜后期生长。割下韭菜后立即清理掉黄叶、老叶，掐掉干枯叶尖，然后捆绑扎好后装筐（附图中图 38）。一般一年可收割 5 ～ 7 茬韭菜。

# 五、病虫害防治

## （一）主要虫害防治

韭菜虫害主要有韭蛆（迟眼蕈蚊幼虫）、潜叶蝇、蚜虫和蓟马。

**1. 韭蛆**

主要以幼虫聚集危害韭菜地下鳞茎和柔嫩的茎部。

防治方法：用 2.5% 吡虫啉可湿性粉剂 1000 ～ 1500 倍液、40% 灭蝇·噻虫胺 60 ～ 80 mL/ 亩灌根。

## 2. 潜叶蝇

幼虫危害韭菜叶片，潜食叶肉组织，致使叶片呈现不规则白色条斑，危害严重时植株叶变黄色、脱落，甚至死苗。

防治方法：用 1.8% 阿维菌素 60 ~ 80 mL/ 亩或 25% 噻虫嗪 23 ~ 30 g/ 亩喷施。

## 3. 蚜虫

若虫和成虫吸取韭菜汁液，虫体及其分泌物污染植株，初期集中在植株分蘖处，虫量大时布满全株，可导致叶片畸形，植株早衰，严重时韭菜枯黄、萎蔫，成片倒伏。

防治方法：用 80% 烯啶·吡蚜酮可湿性粉剂 50 ~ 70 g/ 亩或 20% 吡虫啉可溶液剂 1500 ~ 2000 倍液喷施。

## 4. 蓟马

主要危害韭菜叶片表皮，在温暖、干旱条件下发生严重。

防治方法：用 3% 甲氨基阿维菌素苯甲酸盐 6 ~ 8 mL/ 亩或 5% 啶虫脒 30 ~ 40 mL/ 亩喷施。

### （二）主要病害防治

韭菜病害主要有灰霉病、疫病、霜霉病、锈病。

## 1. 灰霉病

主要危害韭菜叶片，低温高湿天气易发病。

防治方法：用 40% 异菌脲悬浮剂 1000 倍液或 40% 嘧霉胺 1000 倍液喷施。

## 2. 疫病

可危害韭菜根、茎、叶，假茎易受害严重，田间湿度大时发病严重。

防治方法：发病初期，用 50% 烯酰吗啉水乳剂 30 ~ 60 mL/ 亩或 25% 甲霜灵可湿性粉剂 600 ~ 800 倍液喷施。

## 3. 霜霉病

主要危害韭菜叶片和花梗，干旱时病叶枯萎，湿度大时病叶腐烂。

防治方法：发病初期，用 58% 甲霜灵·锰锌 150 ~ 180 g/ 亩或 50% 腐霉利可视性粉剂 40 ~ 60 g/ 亩喷施。

## 4. 锈病

主要侵染韭菜叶片和花梗，温暖、多湿尤其是梅雨或露多雾大天气时易流行，韭菜抗病能力差、偏施氮肥过多、种植过密和钾肥不足时发病重。

防治方法：发病初期，用 75% 肟菌酯可湿性粉剂 20 g/ 亩或 15% 三唑酮可湿性粉剂 1500 倍液喷施。

# 第十六节　香葱春夏栽培技术

## 一、主要特征特性

香葱又称分葱、细香葱、火葱等，为石蒜科葱属二年生或多年生宿根植物。香葱的鳞茎、叶片均可食用。香葱具有特殊的辛香味，是日常生活饮食中必不可少的一种重要的调味香料蔬菜，营养价值高，具有增进食欲、防止心血管病的作用，同时还有解热、祛痰、抗菌、抗病毒、防止感冒和促进消化吸收等功效。另外，香葱还可用于制作葱酥、香葱饼干等食品。

香葱性喜温凉，一年四季皆可种植，尤其适宜在春、秋两季种植。香葱植株较为矮小，呈现弦线状根系的特点；叶片较为细长，中间没有填充物，呈现中空的特点。香葱植株可长到高 40 cm 左右，通过鳞茎分株进行繁殖，分蘖力强，生长期短，生育期 60～80 天，复种指数高，适应性强，比较容易移栽，种植简单，投入少，产量和经济效益较高，是"南菜北运"和"西菜东运"的特色蔬菜之一。

## 二、对环境条件的要求

香葱适宜的生长温度为 18～25 ℃，在 30 ℃以上或 12 ℃以下生长缓慢，夏季高温时容易休眠。

严禁在工业废水、生活污水等大量排放的地块进行种植，应选择土层肥沃、地面平整、水源清洁、排灌方便的地块进行种植。另外，为提高香葱的产量和品质，可与玉米、大豆和其他非葱蒜类蔬菜实行换茬种植。

## 三、类型及品种

应选择高产、优质、抗逆性和分蘖力强、茎叶直立而不易倒、鳞茎大小适中、葱白较长的优良品种。

### （一）类型

香葱种子繁殖，有提纯复壮等作用，可提高产量和抗逆性等。

香葱分株繁殖，虽有缩短生育期、节约成本等优点，但有品种易退化、产量和品质逐渐下降等缺点，栽培者应根据情况隔 2～3 年播种、育苗、栽培 1 次。

## （二）品种

可供选用的优良香葱品种有四季小香葱、鲁葱1号、兴化香葱、福建细香葱、广西黑葱、广西白葱和昭通小香葱等。

# 四、栽培技术

## （一）播种育苗

### 1. 分株繁殖

香葱分蘖力强，根系发达，多采用分株繁殖育苗，即把前茬健壮的商品葱作为下次移栽用苗。移栽前，切除葱管的2/3，再移栽到土壤肥沃、排灌方便的田地里，待香葱长至株丛繁茂时即可分株移栽。

### 2. 种子繁殖

香葱也可采用种子繁殖育苗。春夏季香葱育苗可采用平地育苗，选择新鲜、饱满的香葱种子，避免出现不出苗或出苗不齐的现象。播种前，将种子在水中浸泡20 min左右，然后冲洗、晒干后可进行播种。育苗有穴盘育苗和育苗床育苗2种：采用穴盘育苗，每穴孔播5~8粒种子；育苗床育苗采用条播或者撒播，条播间距10 cm，覆土1.5 cm~2.0 cm厚。播种后浇灌使土壤保持湿润，将温度控制在13~20℃，14天内种子逐渐发芽。一般苗齐后进行1次浇灌，隔20天再进行1次浇灌，使土壤长期处于湿润状态。

## （二）整地定植

### 1. 整地

播种育苗移栽或分株移栽均要精细整地和施足基肥，对土壤进行深翻、暴晒，提高土壤疏松度，以避免发生洪涝灾害。通常每亩地施腐熟的农家肥2000 kg或生物有机肥150 kg，加三元复合肥50~70 kg作基肥。依地块方向做畦，畦宽1.5 m，畦高15~25 cm，畦面要求打细、整平，四周设排水沟。同时，覆盖黑膜选用150 cm×0.05 cm规格、打有12孔的黑色地膜。

### 2. 移栽定植

葱苗高15~20 cm，具2~4片叶时定植。通常播种后40~50天即可移栽。移栽前先对幼苗进行筛选，剔除病株、伤残株、弱株，尽量选择葱瓣饱满、新鲜、无病虫害的植株分株移栽。筛选后剪去须根先端，留2~3 cm长的鳞茎，以促使新根发育。移栽前可用58%甲霜灵可湿性粉剂1000倍液浸泡根30 min左右（根部消毒），然后晾干后移栽定植。

每穴栽植3~5株，行距12~20 cm，穴距8~10 cm，移栽深度4~6 cm，浇水以不倒秧为宜，定植时注意压紧、压实。栽种宜浅不宜深，及时浇足定根水，以利于提早成活，缩短还苗期。

### （三）田间管理

#### 1. 水分管理

香葱根系分布浅，吸收力较弱，不耐旱涝，出苗前后与移栽成活后，土壤不能干旱，宜小水勤浇，并及时排除雨后积水，以免根部因积水厌氧而腐烂，造成死棵。做到一早一晚浇水，夏季勤浇，避免中午气温高时浇水，造成烧根死棵。幼苗长出 1 ~ 3 片叶时和移栽缓苗期后须控制浇水量，中耕松土一两次，以促进根系生长，之后一般隔 7 ~ 10 天浇水 1 次。

#### 2. 科学追肥

一般移栽定植后追肥 3 ~ 4 次，但如果冬季栽培时气温低，则香葱的生育期会稍微延长，因此可追肥 1 次，以速效肥料为主。定植 5 ~ 7 天后开始施用苗肥，选择氮含量为 15%、水溶性钙含量为 18% 的钙肥作为苗肥，每亩撒施 10 ~ 15 kg。第二次追肥与第一次追肥间隔 15 天左右，该时期为香葱分蘖期，是决定香葱产量的关键期，因此对肥料的需求也随之增加，该节点以复合肥（氮：五氧化二磷：氧化钾 =4：1：4）搭配氮含量为 15%、水溶性钙含量为 18% 的钙肥，混撒于香葱间隔行上，两种肥料的混配比例为 1：1，每亩用量以 25 ~ 30 kg 为宜。第三次追肥与第二次追肥同样间隔 15 天左右，该时期是决定香葱产量和品质的关键节点，因此选择钾含量稍高的复合肥（氮：五氧化二磷：氧化钾 =3：1：5）为主，每亩用量以 25 ~ 30 kg 为宜，如冬季栽培，可在第三次追肥后每亩追施复合肥（氮：五氧化二磷：氧化钾 =3：1：5）10 ~ 15 kg。收获前 15 天追施叶面肥，每亩用磷酸二氢钾 100 g 兑水 75 kg 喷施，确保葱株嫩绿，但切记采收前 5 ~ 7 天不要再施肥，以免香葱中硝酸盐含量过高。

在整个追肥过程中，可以结合打药，配合喷施一些含中微量元素的叶面肥，如钙、镁、锌、硼等，以及含氨基酸的有机叶面肥。每次施肥后可浇水，使土壤湿润；或浇水后再施肥，加快肥料溶解，以提高肥料的吸收利用率。但切记不要在下雨前施用，以免降低肥料的利用率。

#### 3. 中耕除草

为防止杂草与香葱争夺养分，在香葱定植后至封垄前，采用人工除草的方式除草。整个生育期可中耕除草 2 ~ 3 次，除草时注意不能伤及葱根。

### （四）收获

当香葱长至 30 ~ 35 cm 高时即可连根采收，亦可根据香葱市场行情及田间生长情况，推迟或提前采收上市。采收前 1 天田间适当浇水，使土壤湿润，有利于香葱须根采出。采收香葱宜在晴天清晨或傍晚进行。

香葱在采收前 15 天不能使用任何农药，在整个生产过程中不得使用国家明令禁止使用的农药，只能限量使用生物农药和部分低风险、低残留农药，不能使用硝酸铵等含硝酸盐和亚硝酸盐的肥料和无国家正式登记证的肥料。

采收后，可以选择速冻、脱水等加工方法。为了保鲜，必须把部分葱叶和根须去掉，在温度 0 ~ 1 ℃、空气相对湿度 90% 的环境中，最高保鲜期长达 2 个月，速冻的香葱经过一些保鲜工序以后，用薄膜袋包装，在 −18 ℃ 的冷库内可以长期保存。脱水的香葱通过清洗、烘干等工序，用聚乙烯薄膜袋包装，可以在恒温环境中长期保存。

# 五、病虫害防治

病虫害防治要掌握"预防为主、综合治理"的原则，采用农业、生物防治措施，科学使用化学农药，协调各项防治方法，发挥综合效益。

## （一）主要虫害防治

虫害以潜叶蝇、蓟马、葱蛆为主。

### 1. 蓟马

早春应注意清除田间杂草和残株落叶，并集中处理，压低虫口密度。发生时，喷洒2.50% 多杀霉素胶悬剂 1000 倍液或 6% 乙基多杀霉素 1000 倍液防治。

### 2. 潜叶蝇

应注意在虫害发生初期定期清除虫叶、杀灭幼虫；幼虫化蛹高峰期后 8 ~ 10 天，喷洒10% 烟碱乳油 1000 倍液或 4.5% 高效氯氰菊酯乳油 2000 倍液防治。

### 3. 葱蛆

葱蛆发生的田块要勤浇水，并及时用药防治，如用 50% 辛硫磷 1500 倍液或 5% 高效氯氰菊酯乳油 200 倍液灌根。

## （二）主要病害防治

香葱病害以霜霉病、紫斑病、锈病为主，这些病均属于真菌性病害，是香葱生长期间较为常见的病害。

### 1. 霜霉病

发病初期，选用 80% 代森锰锌可湿性粉剂 800 倍液、50% 异菌脲可湿性粉剂 1000 倍液、72% 霜脲·锰锌可湿性粉剂 800 倍液、58% 甲霜灵·锰锌可湿性粉剂 700 倍液、75% 百菌清可湿性粉剂 600 倍液等防治。为了提高药液的黏着性，可混加洗衣粉 500 倍液，隔 7 ~ 10天喷 1 次，连续喷 3 ~ 4 次。

### 2. 紫斑病

苗期和田间初发时，可用 1.5% 多抗霉素可湿性粉剂 300 倍液、70% 甲基托布津可湿性粉剂 1500 倍液、70% 代森锰锌可湿性粉剂 700 倍液、64% 恶霜灵·锰锌可湿性粉剂 500 倍液、75% 百菌清可湿性粉剂 500 ~ 600 倍液、58% 甲霜灵·锰锌可湿性粉剂 500 ~ 600 倍液等交替喷施，隔 10 天喷 1 次，连续喷 2 ~ 3 次。

### 3. 锈病

发生初期，应及时喷洒 20% 三唑酮乳油 1800 倍液或 12.5% 烯唑醇可湿性粉剂 3000 倍液，隔 10 天喷 1 次，连续喷 2 ~ 3 次。

### 4. 灰霉病

可用 50% 异菌脲可湿性粉剂 1500 倍液或 65% 甲霉灵水剂 1000 倍液等喷施，隔 7 ~ 10 天喷 1 次，根据病情喷施 1 ~ 2 次。

# 第十七节　蒜苗春夏栽培技术

## 一、主要特征特性

蒜属于石蒜科葱属多年生草本植物，蒜苗是大蒜幼苗发育到一定时期的青苗。它具有蒜的香辣味道，主要以柔嫩的蒜叶和叶鞘供食用，在贵州作为调味配菜使用。因蒜苗栽培时间短，用工少，所以种植蒜苗的经济效益较高。另外，蒜苗适应性强，不择土壤，病虫害少，发展蒜苗种植对补充春夏淡季市场可起到重要的作用。

## 二、对环境条件的要求

### 1. 温度

蒜苗喜冷凉气候，其生长适宜的温度为 12 ～ 25 ℃。

大蒜通过休眠后，蒜瓣在 3 ～ 5 ℃可萌芽，12 ℃以上发芽迅速加快，22 ℃左右为发芽最适宜温度。幼苗生长的适宜温度为 14 ～ 20 ℃，生长后期的适宜温度为 25 ℃左右。当温度超过 26 ℃时，蒜苗生长缓慢，叶子发黄，地上部逐渐干枯，鳞茎停止发育，进入休眠期。一般大蒜从萌芽到幼苗期，如遇 0 ～ 4 ℃的低温，经过 30 ～ 40 天即通过春化阶段。

### 2. 光照

蒜苗适宜在短日照、温凉的环境下生长。完成春化的蒜在日照 13 h 以上和较高的温度条件下，才开始花芽和鳞茎分化。

### 3. 水分

蒜苗叶片属耐旱生态型，但根系浅，吸收水分能力弱，因而喜湿怕旱，对土壤水分要求较高。蒜苗萌发期对土壤湿度要求较高，以利于发根萌芽；幼苗前期土壤湿度不宜过大，防止种瓣湿烂；退母期要提高土壤湿度，防止土壤过干，促进植株生长，减少黄尖。

### 4. 土壤营养

蒜苗对土壤适应性广，但根系弱小，以土层深厚、疏松、排水良好、微酸性、富含腐殖质的壤土为宜，土壤瘠薄、有机质少、碱性大的地块不宜栽培蒜苗。蒜苗最喜氮、磷、钾全效性有机肥，增施腐殖质肥料可提高产量。

## 三、类型及品种

### （一）类型

春蒜苗：选用早熟、抗病、高产、商品性好、耐寒能力强的良种作种蒜。
夏蒜苗：宜选择蒜瓣大、生长势强、适应性广、休眠期短、发芽早、幼苗生长快、叶片宽大肥厚、叶色青绿鲜嫩、不易老化、较抗热的品种作种蒜。

### （二）品种

春蒜苗：可选用毕节白蒜、四川二水早紫蒜等。
夏蒜苗：可选用大瓣紫皮蒜等。

## 四、栽培技术

### （一）播种育苗

#### 1.播种时间

蒜苗播种的最适时期是越冬前植株长到 5～6 片叶时，此时植株的抗寒能力最强，在严冬不致被冻死，能够为植株顺利通过春化阶段打下良好的基础。播种过早，幼苗在越冬前生长过旺，而消耗养分，降低越冬能力，引起二次生长，影响蒜苗品质；播种过晚，则蒜苗小，组织柔嫩，根系弱，积累养分较少，抗寒能力较低，越冬期间死亡多。贵州春蒜苗一般于 9 月底播种，次年 1—3 月上市，补充春淡市场；夏蒜苗 4 月下旬至 5 月上旬播种，7—8 月采收。蒜苗从种植到采收需 90～150 天。

#### 2.蒜种的处理

选择肥大，蒜头完整，无畸形、无病虫伤、无霉变，蒜瓣饱满、较大，辣香味浓，以及栽培后根系发达、生长势强的蒜瓣作种。播种前将种蒜剥掉外皮，对蒜头进行分瓣、摘除底盖，按蒜瓣大、中、小分级，并在阳光下晾晒 2～3 h，再用冷水浸泡种瓣 6～12 h 后捞出沥干水分，用 50% 多菌灵粉剂拌种，杀灭种子表面可能携带的病菌，提高出苗率。

### （二）整地播种

#### 1.土壤的选择

蒜苗是以鲜嫩植株为采收对象，因此要求选择在具有良好的灌溉条件、土壤肥沃疏松、富含有机质、土层深厚的田块栽培。

## 2. 整地施肥

种植前深翻犁耙，确保泥土疏松、细碎、平整，除净杂草，每亩施腐熟的有机肥 5000 ~ 6000 kg、复合肥 80 ~ 100 kg，并配施一些钙肥、镁肥、硫肥，然后深翻（深 30 cm 左右），精耕耙平。

## 3. 开厢与播种

做成沟深 25 ~ 30 cm、厢宽 1.2 ~ 1.5 m 的厢面，土壤上松下实。大蒜适宜浅栽，种植时用耙开沟，开沟深度以 10 cm 为宜，按行距 16 ~ 18 cm、株距 12 ~ 15 cm 将蒜种用条播或直接点播的方式播种到沟底，播种深度以微露蒜瓣尖端为宜，播完后覆盖土 2 ~ 3 cm 厚，再用稻草等覆盖，并灌水保湿。

## 4. 合理密植

蒜苗种植密度一般为 2.5 万 ~ 3.5 万株 / 亩。早熟品种适当密些，以 3.5 万株 / 亩左右为好；中熟、晚熟品种应适当稀些，以 2.5 万株 / 亩左右为好。

### （三）田间管理

## 1. 浇水与追肥

蒜苗为浅根性作物，喜湿怕旱。播种后浇 1 次透水，以促进蒜瓣发芽。苗出齐后浇水 1 次，每亩再施用 5 ~ 8 kg 高氮复合肥来促苗生长，对于肥力较高、基肥充足的田块可不施肥，控制肥水，中耕除草，松土保墒。为了保护幼苗越冬，适时、适量地浇 1 次封冻水。待春季气温回升，蒜苗心叶和根系开始生长时，浇返青水，并每亩施 8 ~ 10 kg 高氮复合肥，以促进幼苗生长。另外，在幼苗生长盛期可以采用根外施肥来促进植株生长，即用 0.3% 磷酸二氢钾溶液隔 7 天喷 1 次，连续喷 3 次。采收前 20 天不施用任何肥料。

## 2. 中耕除草

苗齐后土壤易板结，要抓住叶片封行前进行 1 次浅中耕除草，同时通过中耕减少土壤水分蒸腾，达到减少浇灌次数、提高地温的目的。叶片封行后，出现杂草时只能人工拔除、不宜中耕。

## 3. 采收上市

春蒜苗进入春季后，植株生长速度逐步加快，蒜苗采收标准不一。但考虑到后作茬口，春蒜苗建议 3 月采收完毕，以免发生抽薹。采收时用钉耙或五齿叉挖掘，尽量不损伤根系，洁白完整的根系有利于提高商品外观质量。采收后及时用清水洗净根系泥土，扎把即可上市。如需要长途运输，收购商应及时预冷后冷链快速运送。

# 五、病虫害防治

## （一）主要虫害防治

蒜苗虫害主要有根蛆、潜叶蝇、蚜虫等。

### 1. 根蛆

根蛆是种蝇的幼虫，在蒜苗根部危害，受害轻者生长不良，重者植株死亡。

防治方法：用50%辛硫磷拌种或90%敌百虫1000倍液灌根，采收前20天禁止使用任何农药。

### 2. 潜叶蝇

潜叶蝇首先危害老叶，在蒜苗叶背组织里产卵，幼虫孵化后在叶片里潜食叶肉，形成弯曲潜道。

防治方法：用2%阿维菌素1500倍液喷施。

### 3. 蚜虫

蚜虫是蒜苗种植中常见的害虫之一，主要以蒜苗的汁液为食，导致蒜苗生长受阻和落叶。

防治方法：覆盖银灰色地膜可以驱避蚜虫；悬挂黄板于大蒜植株顶端上方20 cm处诱杀，每亩悬挂30~50块黄板。

## （二）主要病害防治

病害主要有叶锈病、灰霉病、叶枯病等。

### 1. 叶锈病

主要危害蒜苗的叶片和茎秆，受害叶片和茎上有黄色斑点。

防治方法：发病初期（发现中心病株），全田用25%三唑酮可湿性粉剂1000倍液喷雾2次，间隔时间为7~10天。

### 2. 灰霉病

主要危害蒜苗的叶片和茎秆，受害叶片和茎秆上有灰褐色线毛状霉层，植株下部老叶发病后，病菌可继续侵染叶鞘及上部叶片。

防治方法：可用50%异菌脲可湿性粉剂1500倍液或65%甲霉灵水剂1000倍液等喷施，隔7~10天喷1次，根据病情喷1~2次。

### 3. 叶枯病

主要危害叶和茎秆，受害叶和茎秆变黑、枯死，产生大量的花白色小圆点，严重时整株枯死。

防治方法：发病初期，可用65%代森锰锌可湿性粉剂600倍液或75%春雷霉素·氧氯化铜可湿性粉剂600~800倍液喷雾，隔7天喷1次。

# 第十八节　苋菜春夏栽培技术

苋菜又名青香苋、红苋菜、荇菜、汉菜等，是苋科一年生草本植物。它是一种可食的嫩茎叶植物，原产于东南亚等地，原为野生，近年开始人工种植。苋菜具有很高的营养价值与药用价值，叶片较为细嫩，可以凉拌、清炒、做汤等，是人们喜爱的一种蔬菜。在现代农业的大背景下，本节从苋菜的生长特点、地块选择、品种选择、播种与间苗、生长管理和病虫害防治等方面总结苋菜的栽培技术，为菜农种植苋菜提供相关技术支撑，以满足市场对蔬菜质量的要求。

## 一、主要特征特性

### （一）生物学特性

苋菜根系发达，茎肥大而质脆，分枝少；叶互生，全缘，形状呈椭圆形或菱形，叶面光滑或褶皱，长 4 ~ 10 cm，宽 2 ~ 7 cm。苋菜喜温，耐热性强，不耐低温，在高温和短日照下易发生抽薹。苋菜适宜生长在 23 ~ 27 ℃的环境中，在 20 ℃以下的环境中生长较为缓慢，在 10 ℃以下的环境中种子不易萌发。苋菜种子形状呈圆形，颜色为紫黑色，表面有光泽，千粒重 0.7 g 左右。

### （二）营养与药用价值

苋菜含有丰富的营养元素：每 500 g 苋菜含蛋白质 15.5 g、粗纤维 4 g、钙 900 mg、磷 230 mg、铁 17 mg、胡萝卜素 9.7 mg、烟酸 5.5 mg、维生素 C 140 mg、维生素 E 215 mg 等。苋菜所含的钙、铁等物质进入人体后易于被人体吸收，而这些物质能够促进儿童的生长发育，尤其是牙齿和骨骼发育。苋菜性凉、味甘，入肝、大肠、膀胱经，脾胃不好的人不适宜多吃。苋菜具有清肠、通便、解毒等功效，可辅助治疗痔疮发炎、尿频尿急、急性咽炎、肠炎等。

## 二、对环境条件的要求

苋菜对地块的要求较低，对土壤适应性较强，适宜偏碱性土壤。苋菜虽抗旱能力强，但不耐寒，且需要长时间的光照。为提高苋菜的产量和品质，适宜在水源充足、排灌方便、杂草不多、土地肥沃、富含有机质的砂壤土中种植苋菜。

## 三、类型及品种

### （一）类型

苋菜种类繁多，根据叶形可划分为尖叶种和圆叶种。

#### 1. 尖叶种

先端尖，生长快，但产量稍低，品质稍差，抽薹开花稍早。

#### 2. 圆叶种

叶面常皱缩，生产稍慢，产量高、品质好，抽薹开花较迟。

### （二）品种

苋菜主要种类有绿苋、红苋、彩苋等。大部分地区以食用绿苋为主，部分地区禁止食用红苋。因此，要结合本地的口味与消费习惯，选择不同的品种。

#### 1. 绿苋

绿苋中的纤维含量较多，因此在食用过程中口感偏硬，适合春、秋两季种植。绿苋品种包括上海白米苋、广州柳叶苋和南京木耳苋 3 种。上海白米苋和广州柳叶苋耐热能力较强；上海白米苋成熟期较晚，适合春、秋两季播种。

#### 2. 红苋

红苋食用时口感较绿苋绵软，适宜春播或秋播。红苋品种主要有重庆大红袍、广州红苋等。重庆大红袍成熟期较早且耐旱能力强，广州红苋成熟期较晚且耐热能力较强。

#### 3. 彩苋

彩苋成熟期较早，有较强的耐寒能力。春季播种大约 50 天后可采收，夏季播种约 30 天后可采收，但根据彩苋的生长习性，更适宜早春播种。彩苋品种主要包括上海尖叶红米苋和广州尖叶花红苋，两者成熟期都较早。

## 四、栽培技术

### （一）播种育苗

苋菜具有较强的适应性，自身耐旱、耐湿、耐高温，在春季、夏季、秋季均可种植。一般在春、秋两季播种，春季雨水多，阳光和温度较适合苋菜生长发育。苋菜播种方式可选用直播或育苗移栽。夏、秋两季相对气温较高，可选择直播的方式；早春温度较低，可以先催芽再播种（平均气温 ≥ 15 ℃），或者采用育苗移栽的方式。

## 1. 直播

苋菜种子较小，可在播种时加入一定比例的细沙、细土，播种量为 200 ~ 600 g/hm²。直播可选择撒播、条播、穴播（点播）等方式：撒播，可将种子均匀撒在地上，然后将其压平即可；条播，需要开宽 20 ~ 25 cm、深 1.5 ~ 2.0 cm 的沟，播入种子后用机器将地面刮平整即可；穴播，用锄头在畦面上刨坑，行距为 20 ~ 25 cm，株距为 10 ~ 15 cm，播种后在上方覆盖薄土。播种后，如果在出苗之前出现土壤干裂、幼苗蔫坏的现象，可适当给幼苗喷水，等种子发芽后再浇 1 次。播种后一般 3 天出苗，发芽后，在苗长出真叶前可进行第一次间苗，长出真叶后进行第二次间苗。苗间距以大于 3 cm 为宜，以保持通风、透光、透气。

## 2. 育苗移栽

用浸种催芽的方式育苗。盆中放入温水，温度控制在 55 ℃ 左右，所用水量为种子数量的 5 ~ 6 倍。提前选好苋籽，将苋籽置于盆内，用温水浸泡苋籽 10 ~ 15 min，继续搅动使水保持恒温，当水温在 25 ℃ 左右时，可将苋菜种子取出并放入清水中浸泡 1 晚。将泡好的苋籽取出后，选用干净的棉布包好，用湿毛巾将其覆盖，再裹上保鲜膜，放入催芽箱中，将温度控制在 18 ~ 20 ℃ 范围内催芽，当有 30% ~ 50% 种子胚根开始伸长并逐渐露白时，即可进行播种。

## （二）整地定植

## 1. 整地

翻土做畦，起垄，为便于使用小拱棚，畦面宽 1.0 m 左右，沟宽 0.3 m，沟深 0.15 ~ 0.20 m，垄高 10 ~ 15 cm，畦长根据地块而定。整地要细，待平整后用铁锹拍平，即可播种。

## 2. 施肥

为提高土壤的肥力，在整地之前，先施用大量的有机肥料 4 ~ 5 t/hm²，以改善土壤的结构。在施完后深翻，将复合肥 40 ~ 50 kg/hm² 或尿素 10 kg/hm² 均匀地撒入土壤中，再次把平土壤，让肥料与土壤充分地结合。

## 3. 定植

应选择较为平整的地块，做畦起垄，垄宽与垄高视具体情况而定。在畦面上覆盖塑料薄膜或遮阳网，保障育苗基质与水充分混合。用手将基质捏成团后均匀地撒在塑料薄膜或遮阳网上，然后用工具将其压实，将发芽的种子均匀地撒在畦面上，覆上 1 cm 厚的薄土，再盖薄膜保水。种子萌发时揭膜，至 "2 叶 1 心" 时移栽，浇定根水。

## （三）田间管理

苋菜在生长期间要保持水分充足，做到小水勤浇，不可大水浇，避免水土和养分流失。当幼苗长到 3 片真叶时可以进行追肥，将有机肥或尿素均匀撒在畦面上，然后采取喷水浇灌。追施复合肥 50 ~ 100 kg/hm²，对苋菜生长有明显的促进作用。

如为设施栽培，因在低温条件下水分不易蒸发，则不需要过多浇水，保湿即可；如为露地栽培则相反，因光照时间长且气温较高，导致水分蒸发快，需要多浇水，地表发白就要浇水，且尽可能在傍晚浇。当幼苗长到 2 ~ 5 片真叶时进行第一次追肥，10 ~ 15 天后进行第二次追肥，第一次采收后进行第三次追肥，以后每采收 1 次追肥 1 次。

## （四）适时采收

苋菜通常以食用嫩叶为主，为避免其嫩叶变老后口感和营养价值变差，以及纤维含量增多、品质降低等，要适时进行采收。当植株高度长至 15 cm 左右时，方可采收，采收时剪去苋菜的顶部，取其嫩叶，而后苋菜的根部会继续萌发嫩芽，则可连续采收。

苋菜的采收方法主要有两种：一种方法是收大苗留小苗，所留小苗要均匀，首次采收时采收与间苗相结合，在播种后 40 ~ 45 天，当幼苗高度达到 12 ~ 15 cm、第 5 ~ 6 片真叶长出时，方可进行采收；另一种方法是掐尖，即当有侧枝开始长出时，及时采收主枝，以利于侧枝的萌发，这样的循环有利于苋菜不断生长、萌发新枝，从而达到连续采收的目的。

# 五、病虫害防治

苋菜病虫害主要包括猝倒病、白锈病、白粉病、病毒病等病害，以及蚜虫、甜菜螟、斜纹夜蛾等虫害。防治过程中应当采用绿色综合防治措施。

## （一）主要虫害防治

### 1. 蚜虫

该虫害繁殖能力强，易危害农作物的生长，是目前植株易产生的虫害之一。

防治方法：用 70% 吡虫啉水分散粒剂 14000 ~ 25000 倍液喷施茎。

### 2. 甜菜螟

甜菜螟又称甜菜白带野螟、甜菜叶螟，幼虫期以叶背为食，上表皮形成"天窗"；幼虫 3 龄以后，食量增大，啃食叶片，使叶片呈网状，严重时仅剩叶脉。

防治方法：选用 3% 阿维菌素乳油 18 ~ 24 g/hm²、24% 甲氧虫酰肼悬浮剂 14 ~ 20 mL/hm²、5% 虱螨脲乳油 30 ~ 40 mL/hm²、10% 氯氰菊酯乳油 1500 倍液、25% 高效氟氯氰菊酯乳油 30 ~ 40 mL/hm² 等交替防治。喷洒农药时，应选择在早上、晚上或阴天进行。

## （二）主要病害防治

### 1. 猝倒病

该病在植株苗期最为常见。苗期刚破土而出的胚茎基部或中部呈现水浸泡的现象，后变为黄褐色缢缩，在子叶还没有完全枯萎的时候，幼苗便会突然猝倒，使幼苗完全贴附于地面，严重时幼苗腐烂枯死。应提前使用2亿孢子/g木霉菌可湿性粉剂、722 g/L霜霉威盐酸盐水剂预防。

## 2. 白粉病

在早期发病的植株上，当叶片有白色粉斑出现时，选用5%香芹酚水剂、100亿芽孢/g枯草芽孢杆菌可湿性粉剂、0.5%几丁聚糖水剂喷洒，隔7～10天喷洒1次。当植株出现的白粉病较为严重时，应及时修剪病区，并对剪下的叶子进行处理，必要时用药剂对整个植株进行防治。

## 3. 病毒病

苋菜病毒病为系统性侵染病害，叶片上表现症状最为明显。在发病初期，病株比健株明显矮缩，发病症状表现不一。轻度表现为植株花叶轻度展开，叶片颜色呈现不均匀状态；重度表现为病株叶面不能展平，呈卷曲状，或有的出现坏死斑点。选用1%香菇多糖水剂、6%氨基寡糖素水剂等药剂进行防控，且在蚜虫、白粉虱等虫害发生早期，更要及时采取药物防治，以预防病毒扩散。

# 第十九节 菠菜春夏栽培技术

菠菜是藜科菠菜属一年生草本植物，性甘、味凉，富含类胡萝卜素、维生素 C、维生素 K、钙、铁等多种营养元素，具有养血止血、敛阴润燥、祛风明目等功效，是贵州常见的栽培蔬菜品种。

## 一、主要特征特性

株高可达 1 m，主根发达，呈圆锥状，味甜可食，侧根不发达，主要根群分布在深 25 ~ 30 cm 的耕层中。茎直立，在适宜条件下发生较多的分蘖；叶戟形至卵形，鲜绿色，柔嫩多汁，稍有光泽，全缘或有少数牙齿状裂片；叶柄较长，淡绿色或略带微红色，抽薹后茎伸长，花茎幼嫩时也可食用。

## 二、对环境条件的要求

菠菜属耐寒蔬菜，种子在 4 ℃时即可萌发，最适宜生长温度为 15 ~ 20 ℃，在 25 ℃以上的环境中生长受阻，地上部分能耐 −6 ℃的低温，在高温长日照条件下易抽薹开花。栽培土壤以远离污染源，地势平坦，水源充足，排灌方便，土层深厚、疏松、肥沃、富含有机质，保水、保肥能力强，pH 值为 7.3 ~ 8.2 的砂壤土为佳，且要避免与其他藜科作物连作。

## 三、品种及类型

### （一）类型

1.有刺型（尖叶类型）
果实菱形，有刺；叶较小而薄，戟形或箭形，质地柔软，涩味少。耐寒、耐热能力较强，早熟，抽薹早。
2.无刺型（圆叶类型）
果实为不规则的圆形，无刺；叶片肥大，多皱褶，卵圆形、椭圆形或不规则形；叶柄短。耐热能力较弱，抽薹较晚，适于越冬栽培。

### （二）品种

春夏错季栽培宜选用耐低温、对日照长短反应不敏感、抽薹晚、抗病、优质、丰产、抗逆性强、商品性好的圆叶类型品种，如金黔菠冠、贵蔬杂菠 2 号、贵蔬杂交厚叶菠菜、墨绿 168、色列斯 − 001、紫薇菠菜、菠杂 10 号、菠杂 9 号、优胜天 18、全能菠菜等。

### 1. 金黔菠冠

生长势强，叶丛半直立，株高 28 ~ 42 cm。叶片长椭圆形，顶端圆形，基部戟形，长约 26 cm，宽约 13 cm，叶面微皱，叶片肥厚、绿色、质嫩。风味好，品质佳。

### 2. 贵蔬杂菠 2 号

抗病、耐寒、耐热，冬性强，抽薹晚。叶肥厚而浓绿，梗特粗，株型高大、直立，红头，可密植，产量特高，3 ~ 28 ℃均可正常生长，适应性极广，早、中、迟均可种植。

### 3. 贵蔬杂交厚叶菠菜

叶色绿，叶丛半直立，植株较矮。叶片肥大而宽厚，边缘较平圆。长势快，适温下生长期 45 天左右，无涩味，口感滑甜，品质极佳。耐寒、耐热，抽薹晚，适合夏季、秋季、越冬露地栽培及保护地栽培，产量高。

### 4. 墨绿 168

植株高 20 ~ 30 cm，直立，生长速度快。叶片平整，半圆形，深绿色，油亮；根红色。产量高，适应性广，抗病，抽薹晚，耐热、耐贮运。

### 5. 色列斯 – 001

株型紧凑，直立。叶片肥厚，近圆形，鲜绿色；根红亮。叶、柄、根均能食用，风味好，富含维生素，品质优良。生长速度快，喜湿润、肥沃土壤，产量较高，适应性广。

### 6. 紫薇菠菜

特色菠菜新品种，株型直立。叶片肥厚，紫红色。质嫩，口感佳。产量高，适应性广，耐密植。

### 7. 菠杂 10 号

植株生长整齐，株高 32 ~ 41 cm，早熟，株型直立。叶片柳叶形或箭头形，叶面平；肉质根粉红色。耐寒能力强，抗菠菜病毒病。

### 8. 菠杂 9 号

植株生长健壮、整齐。叶片箭头形，叶面平展、绿色，背面灰绿色，肉厚，纤维少。质嫩可口，口感好。

### 9. 优胜天 18

直立型高产稳产品种，中早熟。叶片平展、浓绿色、光亮度好，叶形圆润度高；株型直立性好。耐寒、耐热能力强，环境适应能力强。

### 10. 全能菠菜

耐热、耐寒，抗病，生长快，晚抽薹。叶厚、油绿色，在 3 ~ 5 ℃的环境中能快速旺盛生长，比一般品种生长快，肥水充足条件下特高产，每亩产量 4000 ~ 4600 kg。

## 四、栽培技术

### （一）播种时间和播种量

#### 1. 播种时间

菠菜春夏栽培时间一般在 2 月中旬至 4 月上旬，气温稳定在 5 ℃以上时播种。

#### 2. 播种量

撒播，每亩大田用种量 2.0 ~ 3.0 kg；开沟点播，每亩大田用种量 1.0 ~ 1.5 kg。

### （二）种子处理

菠菜的种皮厚，不易透水，播种前先将种子搓一搓，用常温水浸种 15 min，再用 55 ℃左右温水浸种 20 min，不停搅拌，让水温降至常温后继续浸种 8 ~ 10 h，捞出沥干。用吡虫啉 5 mL+ 咯菌·精甲霜 5 mL+ 碧护 1 g 兑水 10 ~ 20 mL 混合拌种（可拌种子 400 g），晾干后即可播种。

### （三）整地施肥和开厢起垄

#### 1. 整地施肥

清除前茬残渣废物，土地深翻（深 20 ~ 25 cm），将腐熟有机肥 3000 kg/ 亩、三元复混肥 50 kg/ 亩、钙镁磷复合肥 50 kg/ 亩均匀撒施于土面后，再次翻耕、打碎、耙平。尽量不要用鸡鸭粪便为原料生产的有机肥料。

#### 2. 开厢起垄

按 2 m 包沟开厢起垄，厢宽 1.6 m，沟宽 0.4 m，厢高 15 ~ 20 cm，厢面整细、整平、整均匀。为方便田间管理，厢长一般不超过 15 m，四周开好排水沟。

### （四）播种方式

播种方式有撒播或开沟点播两种。

#### 1. 撒播

种植一些种子价格低的普通品种时，采用撒播的方法。厢面整好后，用种量 2.0 ~ 3.0 kg / 亩，混合 10 倍左右细土，分 2 ~ 3 次均匀撒播，播种后用齿耙轻耙表土，再盖 1.5 ~ 2.0 cm 厚的细土。

#### 2. 开沟点播

种植一些种子价格高的优良品种时，宜采用开沟点播的方法。在整好的厢面上，用简易播种机或人工按行距 18 ~ 20 cm 沿厢面长边方向开浅沟，沟深 3 cm 左右。用种量 1.0 ~ 1.5 kg/亩，按 4 ~ 5 cm 的间距点播在沟内，播种后用齿耙轻耙盖土。

## （五）田间管理

### 1. 浇水

菠菜在完成播种后须浇透水，让种子与土壤充分接触，以后保持土壤湿润即可。出苗后适当控水，见干见湿，少灌轻灌，防止土壤温度过低。长出 4 ~ 5 片真叶后，适当加大浇水量，促进秧苗生长，防止先期抽薹。浇水要求：即灌即排，水量不宜过大，雨天后及时排水防涝。

### 2. 追肥

菠菜追肥应掌握"天热宜稀，天冷宜浓；前期宜稀，后期宜浓"的原则。齐苗后结合中耕除草进行第一次追肥，每亩用 1000 kg 沼液兑水（1 份沼液 +3 份清水）淋施或尿素 10 ~ 15 kg 撒施（尿素撒施后抽水喷灌，避免肥料落在叶上，引起烧苗）。"5 叶 1 心"时进行第二次追肥，每亩用 1500 kg 沼液兑水（1 份沼液 +2 份清水）淋施或尿素 15 ~ 20 kg 撒施。多次采收时，在每次收获以后都应施肥，以促进小苗生长，提高产量。禁用氨态氮肥，收获前 10 天停止追施氮肥，避免硝酸盐、亚硝酸盐含量超标。

### 3. 间苗

幼苗长出 3 ~ 4 片真叶后，本着"间小留大、间弱留强、间病留壮、间杂留纯、间密留稀"的原则间苗，间除过密苗、高脚苗、弱苗和病虫苗，苗间距 6 ~ 8 cm。

### 4. 除草

加强苗期人工除草力度，防止草高于苗。整个生育期适度中耕除草，但禁止使用任何除草剂。

## （六）适时采收

当植株长到 20 cm 以上或达到市场要求、质量安全符合国家标准时，便可采收。可一次性采收，也可采取"拔大株、留小株"的方式多次采收。采收最好在清晨或傍晚进行，整株带根拔起，保持植株的完整性。采收后剔除发黄、叶柄折断、有病虫害、有机械损伤等植株，适量捆扎成捆，整齐放入蔬菜周转筐内，及时用清洁、无毒、无害的遮盖物遮盖，防止失水萎蔫。装卸、运输时要轻拿轻放，防止机械损伤，影响品质。

# 五、病虫害防治

## （一）主要虫害防治

主要虫害有蚜虫、潜叶蝇、菜青虫、蛴螬等。

### 1. 蚜虫

蚜虫属同翅目蚜科，主要危害叶背，刺吸汁液，造成叶片卷缩变形，植株生长不良，同时可传播病毒病。

防治方法：以农业防治为基础，加强栽培管理；以培育出"无虫苗"为主要措施，合理使用化学农药，积极开展物理防治。发现蚜虫危害时，选用 10% 吡虫啉 1500 倍液、0.5% 苦参碱 600 倍液及经双层纱布过滤的沼液喷施。

### 2. 潜叶蝇

潜叶蝇属于双翅目蝇类，具有舐吸式口器，其幼虫钻入叶片潜食叶肉组织，致使叶片呈现不规则白色条斑。

防治方法：及时喷药防治成虫，防止成虫产卵，选用 50% 环丙氨嗪 1500 ～ 2000 倍液或 5% 锐劲特悬浮剂 1500 倍液交替防治。

### 3. 菜青虫

菜青虫属鳞翅目粉蝶科，成虫称菜白蝶、菜粉蝶，幼虫称菜青虫。主要危害叶片，2 龄前啃食叶肉，留下 1 层透明的表皮；3 龄后蚕食整个叶片，严重时仅剩叶脉。

防治方法：选用 2.5% 高效氯氟氰菊酯 2000 倍液、16% 甲维·茚虫威 2000 ～ 3000 倍液、5% 氯虫苯甲酰胺 1000 ～ 1500 倍液交替防治。

### 4. 蛴螬

蛴螬属鞘翅目鳃金龟科，幼虫危害根部致死，造成缺苗断垄，成虫仅取食作物叶片。

防治方法：一是适时翻耕土地，适时灌水或进行水旱轮作，杀灭幼虫；二是在成虫发生期用黑光灯诱杀成虫；三是在幼虫盛发期，选用 5% 氯虫苯甲酰胺 1000 ～ 1500 倍液、5% 氟铃脲 300 倍液、5% 高效氯氰菊酯 3000 ～ 4000 倍液、1% 噻虫胺颗粒剂 2 ～ 3 kg/ 亩交替防治。

### （二）主要病害防治

主要病害有霜霉病、炭疽病、病毒病、枯萎病等。

### 1. 霜霉病

霜霉病是低温高湿型真菌性病害，主要危害叶片。发病初期叶片正面产生边缘不清晰、淡黄色至黄褐色的不规则形病斑，病斑背面呈黄白色。随病情发展，病斑扩大呈不规则形，大小不一，病斑常互相连接成片，叶背病斑上产生白色霉层，后期病斑上的白色霉层逐渐变为灰白色至紫灰色的茸毛状霉层。

防治方法：选用 35% 咪鲜·乙蒜素 1000 ～ 1500 倍液、80% 烯酰吗啉·噻霉酮 3000 倍液、58% 甲霜灵·锰锌 1500 倍液、40% 百菌清 600 ～ 800 倍液交替防治。

### 2. 炭疽病

炭疽病主要危害叶片和茎，早期为淡黄色小斑，扩大后病斑呈椭圆形或不规则形，黄褐色，并具有轮纹，边缘呈水渍状，中央有黑色小点，天气干燥时病斑干枯穿孔，严重时病斑连接成片，叶片枯黄。

防治方法：选用 2 亿活孢子 /g 木霉菌 200 倍液、80% 代森锰锌 500 ～ 600 倍液、80% 福·福锌 500 ～ 600 倍液、80% 多菌灵 500 ～ 1000 倍液交替防治。

### 3. 病毒病

病毒病主要症状为心叶萎缩或呈花叶状，老叶提早枯死脱落，植株卷缩成球形。该病主要通过蚜虫传播或接触传播。

防治方法：首先要认真防治蚜虫及减少人为接触，同时选用抗病品种，加强肥水管理，培育壮株，增强抗病能力。在发病初期，选用 8% 宁南霉素 800 ～ 1000 倍液、50% 氯溴异氰尿酸 1000 ～ 1500 倍液、1% 香菇多糖 1000 倍液等交替防治。

### 4. 枯萎病

幼苗发病，子叶凋萎，接着枯死，长出真叶 4 ～ 6 片到采收期发病明显，初期从下部老叶变黄，引起凋萎，逐渐往内侧叶发展，严重时主根及侧根腐朽、脱落，叶柄基部的导管也变褐色，造成生长发育不良而枯死。

防治方法：选用 50% 苯菌灵 1500 倍液、30% 甲霜·恶霉灵 2000 倍液、40% 多·硫 500 倍液、10% 治萎灵 300 ～ 400 倍液交替防治。

# 第二十节　茼蒿春夏栽培技术

茼蒿又称同蒿、蒿菜、蓬蒿、蒿子秆等，为菊科一年或二年生草本植物，原产于地中海，在我国主要分布于南部、东南部、中部，以及东北部等省份。茼蒿属于半耐寒性的药食同源蔬菜，在中国古代为宫廷佳肴，被人们称之为"皇帝菜"。茼蒿营养丰富，具有调胃健脾、促进睡眠、降压补脑等功效，经常食用茼蒿，对记忆力减退、咳嗽痰多、习惯性便秘均有较好的疗效。

茼蒿属于速生叶菜，生长期短，栽培时间长，病虫害较少，适应性强，易于管理。可多茬直播栽培，采收时可一次性采收或分期采收，有很好的经济效益。

## 一、主要特征特性

茼蒿茎叶光滑无毛或少毛，茎高 70 cm 左右，自中上部分枝或不分枝。栽培品种中主要有大叶茼蒿、小叶茼蒿和花叶茼蒿，叶为椭圆形或长椭圆状倒卵形。花为头状花序，花梗长 15 ~ 20 cm，舌状花瘦果有 3 条突起的狭翅肋，肋间有 1 ~ 2 条明显的间肋，花期、果期 6—8 月。

## 二、对环境条件的要求

茼蒿喜欢冷凉湿润、空气相对湿度 70% ~ 80% 的环境，对光照要求不严格，较耐弱光，高温、长日照易引起抽薹开花。茼蒿最适宜生长温度为 17 ~ 20 ℃，温度低于 12 ℃或高于 29 ℃均会导致生长不良，耐寒品种能耐短期 0 ℃低温。种子萌发温度在 10 ℃以上，在 15 ~ 20 ℃环境中发芽最快。茼蒿喜湿、不耐涝，栽培中选择肥沃、疏松的微酸性沙壤土，土壤要经常保持湿润。施肥以氮肥为主，钾肥次之，磷肥较少。

## 三、类型及品种

### （一）类型

茼蒿品种一般有大叶种和小叶种两大类型。大叶种的特点是植株叶大且肥厚，产量高、较耐寒；小叶种叶片小，茎较细，叶面有细小的茸毛，耐寒能力强。

### （二）品种

露地春夏季栽培选择具有抗病性和耐热能力强的品种，如蒿子秆、板叶茼蒿、香菊三号茼蒿、701 大叶茼蒿等。

# 四、栽培技术

## （一）播种育苗

茼蒿属于速生蔬菜，一季多茬，根据每茬采收时间适时播种，播种方式主要为干籽播种和催芽播种。无论是干籽播种还是催芽播种，都可以分为撒播和条播。条播时先开沟，沟深 2 cm，行距 20 cm。撒播方便快捷，条播便于田间作业。

### 1. 干籽播种

撒播，将种子均匀地撒播在整平的土壤上，然后浅拨土壤使种子嵌入土壤，以达到种子全部覆土为度；条播，顺沟均匀撒入种子，覆土约 1 cm 厚，约 1 周后出苗。

### 2. 催芽播种

播种前用 30 ℃的温水将种子浸泡 1 天，再挑出劣质的种子与杂物，用清水洗干净，晾干水分，在 20 ℃左右的温度下催芽。催芽期间，每天用清水淘洗 1 次，防治种子发霉，并挑出腐烂种子，待 60% 左右的种子露白时，就开始播种。

## （二）整地定植

播种定植前科学规范的整地有利于后期生产作业。弱酸性土壤更适合茼蒿的生长，应选择土层深厚、土质肥沃的耕地。因茼蒿生长期较短，生长期对肥力的要求高，要求基肥要足，施腐熟的农家肥 1500 ～ 3000 kg/ 亩、过磷酸钙约 50 kg/ 亩、尿素约 15 kg/ 亩，然后耙平、整地，做畦，一般畦宽 1.0 ～ 1.3 m。

## （三）田间管理

### 1. 及时间苗与管理

从开始播种到种子发芽出全苗约需 1 周。播种后出苗前一定注意保持土壤湿度，以利于种子发芽，提高出苗率；或播种后顺行覆盖塑料膜以保湿增温，促进出苗，待出苗后揭去塑料膜即可。定植 10 天左右种子可全部出苗，等嫩苗长至 2 ～ 3 片真叶时就可进行间苗，株距保持在 2 cm 左右，及时剔除病苗、残苗、弱苗，保留壮苗，可促进植株生长均匀一致。

### 2. 中耕除草

结合间苗进行中耕除草，以深 5 cm 左右的浅耕为宜，小心清理距离植株较近的杂草，避免伤到植株。中耕除草可减少杂草对土壤养分的争夺，促进壮苗生长。

### 3. 肥水管理

根据土壤干湿度及时浇水，当幼苗生长至 10 cm 左右、土壤发白时可进行第一次浇水，浇水不宜过多，以小水喷灌为主，此后根据天气情况隔 7～10 天浇 1 次水。植株生长 20 天后进入营养生长旺盛期，对氮肥、钾肥需求量增大，结合第二次浇水开始施肥，前 1～2 次少量施肥，追施尿素和硫酸钾各 5 kg/ 亩，而后每次随浇水追施尿素和硫酸钾各 10 kg/ 亩左右。生长期施肥 4～5 次，植株长至 20 cm 左右即可采收。

# 五、病虫害防治

## （一）主要虫害防治

茼蒿的主要虫害有潜叶蝇和蚜虫。

### 1. 潜叶蝇

清理田间杂草与残枝落叶，悬挂黄板诱杀成虫，喷施 15% 哒螨灵 2000～3000 倍液或 75% 灭蝇胺可湿性粉剂。

### 2. 蚜虫

加强中耕除草，合理施肥灌水，悬挂黄板诱杀有翅蚜。蚜虫发生盛期，可喷施 5% 啶虫脒乳油 30～40 mL/ 亩或 10% 吡虫啉可湿性粉剂 1500 倍液，隔 7 天喷 1 次，连续喷 2～3 次，交替使用以避免蚜虫产生耐药性。

## （二）主要病害防治

### 1. 猝倒病

猝倒病是由真菌引起的苗期病害，发病初期幼苗茎基部呈现浅褐色水渍状，然后发生基部腐烂而猝倒，最后植株枯萎死亡。初期少数植株发病，高湿环境中感病植株迅速增多，出现成片死苗现象。

防治方法：播种时，用 75% 百菌清拌种；发病初期，喷施 15% 恶霉灵水剂 500 倍液或 5% 井冈霉素水剂 1400 倍液。

### 2. 立枯病

立枯病主要危害根部和根基部，初生的水渍状椭圆形病斑呈褐色，凹陷，然后病茎逐渐收缩至干枯，病株开始萎蔫、枯死，但病株多不倒伏。当湿度太大时病部会出现浅褐色的蛛丝状霉。

防治方法：一是加强田间管理，育苗时避开高湿、高温的天气；二是苗期喷洒磷酸二氢钾、植宝素 7000～8500 倍液；三是发病初期，喷 20% 甲基立枯磷乳油 1200 倍液等，隔 7～10 天喷 1 次，连续喷 2～3 次。

### 3. 霜霉病

霜霉病是真菌性病害，发病时出现圆形或多角形浅黄色病斑，叶片逐渐失绿变黄，叶背病部产生白色霉层。

防治方法：种植前将上茬作物的残枝落叶清理干净，施用充分腐熟的有机肥。发病期间及时清除田间感病植株，并选用70%丙森锌可湿性粉剂250～400倍液、58%甲霜灵·锰锌可湿性粉剂500倍液、45%代森铵750倍液等喷施，隔7天喷施1次，连续喷施2～3次。

## 4. 炭疽病

炭疽病主要由黑盘孢目真菌引起。发病时叶片染病，出现黄白色至黄褐色小斑点，后扩展为近圆形或不规则形状的褐斑；茎秆染病后产生黄褐色病斑，逐渐扩展为椭圆形或长条形褐斑，后期茎秆褐变萎缩直至整株死亡，环境空气相对湿度较大时，感病部位会溢出红褐色液体。

防治方法：选择抗病性强的品种，合理密植，科学施肥，加强田间管理。发病期间，可喷施75%百菌清可湿性粉剂1000倍液加70%多菌灵可湿性粉剂1000倍液，或36%甲基硫菌灵悬浮剂500倍液，隔7～10天喷施1次，连续喷2～3次。

## 5. 病毒病

病毒病主要由芜菁花叶病毒、黄瓜花叶病毒和萝卜耳突花叶病毒引起。发病初期心叶出现叶脉失绿，继而叶片出现叶绿素分布不均，深绿和浅绿相间，且发生畸形皱缩，严重时整个植株畸形矮化。

防治方法：实行轮作、对种子和土壤进行消毒、彻底防治蚜虫和跳甲等措施，是预防茼蒿病毒病的有效措施，还可选用0.5%氨基寡糖素水剂800倍液、丙唑·吗啉胍1200倍液、1.5%植病灵1000倍液、20%病毒A可湿性粉剂600倍液等防治。

# 第二十一节 空心菜春夏栽培技术

空心菜原名蕹菜，又名藤藤菜、蓊菜、瓮菜、通心菜、无心菜、空筒菜、竹叶菜，开白色喇叭状花，其梗中空，故称"空心菜"。空心菜为旋花科番薯属一年或多年生草本水生蔬菜，不仅色泽青翠，而且味道鲜美、口感爽脆，主要以嫩梢、嫩叶供食用，营养丰富，食用价值高，是蔬菜中的佼佼者。我国南方地区因气候、温度、光照等原因，非常适合种植。

## 一、主要特征特性

空心菜为须根系，根系分布浅，但根系发达，植株再生能力强，生长迅速，是一种对水体具有很强净化能力的水生植物。空心菜喜高温、高湿环境，种子在 15 ℃以上的环境中可发芽，蔓叶生长的适宜温度为 25 ~ 30 ℃。这种蔬菜的病虫害少，生长速度快，采收期长，在温度高、水分充足的环境中采摘间隔时间短。

## 二、对环境条件的要求

空心菜属于大水大肥型植物，在黔中地带越冬困难，12 ~ 13 ℃的环境中可以生长，黔中地带清明后可以播种（高海拔地区建议谷雨播种），早春季节在贵阳以南的地区可以播种；露地生长缓慢，苗稍显老，如果要提早，利用大棚设施更有效益。

空心菜喜高温、多湿环境，种子萌发温度须在 15 ℃以上；种藤腋芽萌发初期温度须保持在 30 ℃以上，这样出芽才能迅速整齐；蔓叶生长的适宜温度为 25 ~ 30 ℃，温度较高，蔓叶生长愈旺盛，采摘间隔时间愈短。能耐 35 ~ 40 ℃高温，15 ℃以下蔓叶生长缓慢，10 ℃以下蔓叶停止生长，遇霜茎叶枯死。空心菜喜较高的空气相对湿度及湿润的土壤，环境过干，藤蔓纤维增多，粗老而不堪食用，大大降低产量及品质。空心菜喜充足光照，但对密植的适应性也较强；对土壤条件要求不严格，因喜肥水，以比较黏重，保水、保肥能力强的土壤为好；需肥量大，耐肥力强，对氮肥的需求量特大。

## 三、类型及品种

### （一）类型

空心菜根据叶型可分为柳叶型和大叶型。

空心菜根据梗的颜色可分为白梗和青梗。根据梗的粗细又可分为 2 种：一种梗非常粗长，叶片集中在下部，叫藤蕹（南方人喜欢把叶子和梗分开来炒，做成两盘菜）；另一种梗较细短，直接择好入锅炒，嫩而爽口。

## （二）品种

目前黔中地区比较畅销的有三机泰国空心菜、尖叶空心菜、柳叶空心菜、白梗柳叶空心菜、白梗大叶空心菜、青梗大叶空心菜、广东大鸡青蕹菜、大质鸡黄、四川蕹菜、广东细叶通心菜、大骨青、剑叶、丝蕹、大鸡青等。

### 1. 三机泰国空心菜

该品种是利用泰国优良地方品种的变异株选育而成的。植株直立，根系发达，从播种至采收需 20 ～ 28 天。叶片绿色、呈竹叶状，梗淡绿色。优质高产，口味佳，口感脆嫩。适宜性广，旱地、水田均可种植。

### 2. 尖叶空心菜

该品种从泰国引进，属尖叶型。生长快速，耐收割，采收期长。叶子不变大，茎粗 1 cm 左右，叶片细尖、长。鲜嫩味香，清脆爽口，抗高温、高湿，旱地、水田均可种植。

### 3. 柳叶空心菜

该品种是最为常见的一种空心菜。叶片细长，形似柳叶，分叶少，梗为绿色且细。主要食用顶部的嫩芽部分，口感不算脆，但嫩芽香气浓郁。

### 4. 白梗柳叶空心菜

该品种梗雪白且粗壮，分叶少，纤维含量少。梗比较嫩，可与叶子一起炒制，口感脆嫩。

### 5. 白梗大叶空心菜

该品种从香港引进。菜梗较白，质地柔软，纤维少，叶片较大，口感特别脆。

### 6. 青梗大叶空心菜

该品种梗翠绿，比较粗壮，分叶较多，叶片宽大。大部分的叶子和嫩梗、嫩芽都能食用，味道清香且浓郁。

## 四、栽培技术

### （一）播种育苗

空心菜种子的种皮厚而硬，直接播种发芽慢，如遇长时间的低温阴雨天气还会引起种子腐烂，因此宜催芽后播种，即用 30 ℃左右温水浸种 18 ～ 20 h，捞出，沥去多余水分，用 35% 甲霜灵可湿性粉剂拌种（预防白粉病），然后用纱布包好，在 25 ～ 30 ℃环境下催芽，催芽期间保持湿润，每天用 25 ～ 30 ℃温水冲洗种子 1 次，当有 50% ～ 60% 种子露白时即可播种。

空心菜可直播（撒播或条播），也可育苗移栽。直播时，撒播按行距约35 cm、穴距15 ～ 18 cm进行穴播，每穴播3 ～ 5粒，用种量2.5 ～ 3.0 kg / 亩；条播可在畦面上每隔15 cm横挖1条2 ～ 3 cm深的浅沟，将种子均匀地撒在浅沟内，再用细土覆盖，然后用遮阳网覆盖畦面，淋水，出苗后即可揭开遮阳网。若育苗移栽，采用苗畦撒播，播种后覆土厚约1 cm，用种量2.0 kg / 亩左右。

## 1. 播种期选择

为供应早春蔬菜淡季，获得更高的经济效益，可进行大棚栽培。播种期：大棚种植在2月20日以后开始，约40天上市；露地栽培3月20日（比大棚晚差不多1个月，露地栽培效果不太理想，病虫害有点严重）以后开始，约40天上市。

## 2. 品种选择

根据近年贵州各地种植经验，应选择冬性强、早熟、高产、抗病的品种，如三机泰国空心菜、尖叶空心菜等。

## 3. 苗期管理

播种后要保墒、保温，当苗高3 cm时，加强肥水管理，每亩浇施尿素5 kg左右；幼苗期间忌干旱，幼苗"2叶1心"时期进行间苗，苗间距6 cm左右，并保持田间湿润，每亩用云大120（芸苔素内酯）10 mg兑水30 L喷施幼苗，促进茎叶伸长，隔10天喷1次，连续喷2次。当幼苗长至4 ～ 5片叶、苗高17 ～ 20 cm时即可移栽大田。

## （二）整地定植

## 1. 地块选择

旱地栽培要求地力肥沃、水源充足的壤土地块；水田栽培宜选择向阳、地势平坦、肥沃、水源丰富、用水方便、烂泥层浅的保水田块，最好有流动水。

## 2. 整地施肥

选择优质肥沃的砂壤土，播种前7 ～ 10天翻耕土壤，选择地势较高、排水与通风良好的地块育苗。空心菜生长速度快，分枝能力强，需肥水较多，应施足基肥，结合翻土每亩施腐熟商品有机肥1500 ～ 2000 kg、草木灰100 kg、45% 三元复合肥25 ～ 30 kg作基肥，筑深沟高畦［高20 cm、宽2 m（连沟）］。每畦用锄头开8条深3 ～ 4 cm的沟，行距15 ～ 20 cm，条播，用种量约15 kg / 亩；播种后覆1 cm厚的土，保持土壤湿润。

## 3. 定植

旱地栽培直播或定植前，施足基肥，直播的按株行距（15 ～ 18） cm×35 cm开穴播种；育苗移栽的播种后30天左右，当苗高17 ～ 20 cm、幼苗长至4 ～ 5片叶时，按株行距30 cm ～ 35 cm每穴栽植3 ～ 4株，或按株行距18 cm ～ 35 cm每穴栽植2株。定植前要先浇透苗畦，然后带土移栽，以利于尽快缓苗。

## （三）田间管理

空心菜对肥水需求量很大，除施足基肥外，还要追肥。空心菜管理的原则：多施肥，勤采摘。空心菜需水量大，旱地栽培播种后每天要浇水2次，生长期每天浇水1次，必要时早、晚各1次。

空心菜耐肥力强，多分枝，生长迅速，易发生不定根，且栽培密度大，采收次数多，须供应充足的养分和水分。"2叶1心"期或定植后，要加强肥水管理，一般每亩施速效氮肥10 kg左右，追肥不宜太多，植株生长期间保持土壤湿润。直播的幼苗长出3～4片真叶时加强肥水管理，保持土壤湿润，保证充足的养分供应，每亩追施复合肥15～20 kg、尿素2～4 kg。当苗高30 cm左右时开始采收，每次采收后追施尿素10～15 kg，追肥时应先淡后浓，以氮肥为主，以促进新梢发生和伸长，及时施腐熟粪肥或复合肥。

中耕除草：为防止畦面板结和杂草丛生，影响植株生长，可在畦面发白时浅锄（松土、除草），以促进空心菜根系发育，为植株健壮生长创造有利的环境条件。生长期间也要及时中耕除草，封垄后可不必除草中耕。

## （四）采收

空心菜一般采用掐收的方法采收，适时采收是品质优良的关键。当苗高30 cm左右时开始采收，下部要留9～12 cm，采收上部嫩梢；当叶腋长出的新梢长至15 cm时，开始第二次采收，但下部要留2～3片叶，以促发更多新梢，保证丰产；第三次采收后，每个采收新梢下仅留1～2片叶，以防发生过多新梢，引发植株早衰，导致产量下降，同时除去植株基部过多、过密的枝条，以达到更新和保持合理群体结构的目的，高温时还要及时通风，合理控制棚内空气相对湿度和温度，以利于空心菜正常生长。另外，可在苗高12～15 cm时进行间苗，间出的苗可上市；采用撒播的，因生长前期过密，需要间苗、疏苗，可连根拔起幼苗，剪去根部后整理成捆，供应市场，生长后期采收可采用掐收或剪收的方法。采收3～4次后，应适当重采，否则侧蔓过多，营养分散，而侧蔓生长缓慢，会影响产量与品质。采摘时用手掐摘较为合适，如果用刀等铁器，则易出现刀口部锈死。一般直播的一次性收获可达1000～1500 kg/亩，多次收获可达5000 kg/亩。

# 五、病虫害防治

## （一）主要虫害防治

### 1. 蚜虫

发生蚜虫危害时，在畦沟内和地埂上覆盖银灰色薄膜，或每亩地插挂40～50条银灰色薄膜条，有较好的驱避蚜虫的作用；也可每亩菜地插挂20～30块黄板，能诱捕大量蚜虫；也可用10% 吡虫啉可湿性粉剂1000倍液、20% 甲氰菊酯乳油3000倍液。

## 2. 小菜蛾和卷心虫

选用 2.5% 氯氟氰菊酯乳油 3000 倍液、2.5% 溴氰菊酯乳油 3000 倍液、50% 辛硫磷乳油 1000 倍液。

## 3. 斜纹夜蛾

选用 60 g/L 乙基多杀菌素悬浮剂、0.5% 苦参碱水剂等防治。

## 4. 红蜘蛛

选用 20% 甲氰菊酯乳油 2000 倍液、73% 克螨特乳油 1000 倍液、5% 阿维菌素 5000 倍液 +24% 螺螨酯悬浮剂 3000 倍液、20% 吡蚜酮·噻虫胺 800 倍液、46% 氟啶·啶虫脒 800 倍液、75% 螺虫乙酯·吡蚜酮水分散粒剂 1000 倍液、50% 氟啶虫胺腈水分散粒剂 1200 倍液等交替防治，隔 10 ~ 15 天使用 1 次，连续使用 1 ~ 2 次。

## （二）主要病害防治

## 1. 白锈病

白锈病主要危害叶片。病斑生在叶两面，病叶正面初现淡黄绿至黄色斑点，后渐变褐色，病斑较大，叶背生白色的隆起状疱斑，近圆形或椭圆形或不规则形状，有时愈合成较大的疱斑，后期疱斑破裂散出白色孢子囊。叶面受害严重时，病叶畸形，叶片脱落。茎秆受害时，症状同叶，但茎部肿胀畸形。低温、高湿有利于病菌流行。

防治方法：发病初期，摘除病叶，选用 58% 甲霜灵·锰锌可湿性粉剂 500 倍液、25% 甲霜灵可湿性粉剂 500 倍液、40% 乙磷铝 250 ~ 300 倍液、20% 三唑酮乳油 1500 倍液喷施，隔 10 天喷 1 次，连喷 2 ~ 3 次。

## 2. 轮斑病

主要危害叶片。发病初期叶片上出现小黑点，后逐渐扩大至褐色圆形斑，边缘稍隆起，具有同心轮纹。发病严重时，病斑相互连接，病叶枯黄。高湿、郁闭栽培田易感病。

防治方法：发病初期，选用 50% 多菌灵可湿性粉剂 800 倍液、50% 甲基硫菌灵可湿性粉剂 500 倍液、77% 氢氧化铜可湿性粉剂 500 倍液、78% 波尔·锰锌可湿性粉剂 600 倍液、75% 百菌清可湿性粉剂 600 ~ 700 倍液、58% 甲霜灵·锰锌可湿性粉剂 500 倍液等喷施，隔 7 ~ 10 天喷 1 次，连喷 2 ~ 3 次。

# 第二十二节　豌豆苗春夏栽培技术

豌豆苗又名豌豆尖、龙须菜，是豌豆在苗期过程中的嫩梢，富含粗脂肪、蛋白质及10余种人体必需的氨基酸，经炒、煮后清香爽口，深受消费者的喜爱。

## 一、主要特征特性

豌豆是典型的直根系，主根长且发达，侧根发育旺盛。豌豆根附着于深20～25 cm的耕作层中，根上有大量的根瘤，由于豌豆根系分泌物能够抑制次年的根瘤和根系生长，因此豌豆苗不宜连作。豌豆苗的茎圆形、中空、多汁、细软，叶为偶数羽状复叶，因品种差异，有的顶端有卷须，有的无卷须。

## 二、对环境条件的要求

豌豆苗为半寒性、长日照作物，稍能耐旱，但湿度不能过大，一般圆粒种1～2℃可以发芽，皱皮种3～5℃可以发芽，茎叶生长的最适温度为15℃左右，超过30℃生长不良。春播，在2月上旬至3月播种，3月中旬至5月采收；夏播在8月上旬播种，9月中旬采收。

## 三、类型及品种

用于生产豌豆苗的种子要求种皮较厚且颗粒圆大、表面光滑，发芽率、纯度、净度都比较高，抗病能力强。一般可选择改良无须豌豆、丰优一号无须豌豆、成都大白豌、日本太阳牌豌豆苗、云南珠沙豌豆、中豌8号、中豌6号等。

## 四、栽培技术

### （一）播种育苗

播种前精选种子，剔除病粒、虫蛀、秕粒，选择无损伤、饱满、大小均匀的种子。播种前晒种2～3天，能提高种子活力，有利于壮苗。

**1. 温水浸种**

用55℃温水浸种2 h左右，再用20～25℃的清水继续浸泡10 h，期间换水2～3次。

## 2. 药剂浸种

用 0.3% 磷酸二氢钾液和 50% 多菌灵可湿性粉剂加适量清水浸种 18 ~ 24 h，随后用清水清洗干净，继续催芽、播种。初次种植加入适量的根瘤菌，可提高产量。

## 3. 种子包衣

根据实际情况，购买包衣过的豌豆种，能够有效预防病虫害。

豌豆苗对土壤要求不高，忌连作，为达到高产、优质的目的，最好选择前茬为种植非豆科作物、土层深厚、排灌方便、阳光充足、有机质含量较高的中性壤土或砂壤土种植。

## （二）整地定植

### 1. 掘厢施基肥

在土地翻耕前，每亩撒施腐熟农家肥 2000 kg、优质复合肥 50 kg 作基肥，然后翻耕、耙平、整细，按 2.3 m 掘厢（含沟，厢面宽 2 m，沟要求宽约 0.3 m、深约 0.25 cm），掘好田土边沟（如果用田种植，边沟要求宽约 40 cm、深约 30 cm），大的田块还要在中心开沟，排水不好的大田块还应在中心开大"十"字形的沟。

### 2. 适量播种

用种量 8 ~ 15 kg / 亩。播种方式一般采用条播，条播可分为竖条播和横条播。

竖条播：每厢面上开 6 行播种浅沟（播幅宽 15 cm 左右、深 5 ~ 6 cm，厢面上的行距为 20 ~ 25 cm）。

横条播：行距 20 cm 左右，将种子均匀地撒于播幅沟内，种子之间的距离为 3 ~ 5 cm，然后用细土将种子覆盖，盖土厚度小于 2 cm。

## （三）田间管理

### 1. 合理浇水

观察是否出苗，保持土壤湿润以利于出苗。出苗后应注意晴天浇水和雨天排水：浇水应掌握"不干不浇、浇必浇透"的原则，排水应做到下雨天及时排水。

注意：若遇干旱，应浇足水，保持土壤湿润，以促进豌豆嫩尖肥大，提高豌豆苗的产量。

### 2. 科学施肥

看苗情况，结合浇水进行追肥，播种后 10 ~ 15 天抢雨水时节或结合抗旱浇水、施肥 2 ~ 3 次，叶面追肥可用磷酸二氢钾喷施；或每亩用 15 kg 复合肥兑水追施（1 kg 左右复合肥水溶液兑 50 L 清水搅匀，均匀浇于根部）；或用 1 kg 水溶性有机肥 + 150 g 磷酸二氢钾 + 150 g 氨基酸叶面肥兑水 100 L，喷施于豌豆苗叶面。以后每采收 1 次，结合浇水追肥 1 次。

## （四）采收时间及标准

### 1. 采收时间

播种后在 18 ~ 20 ℃条件下约 35 天（越冬播种的需要 45 ~ 50 天），当豌豆苗长到 18 ~ 20 cm 高时，开始采收豌豆嫩尖，一般采摘顶部带有 1 ~ 2 片尚未充分散开的嫩叶；半个月后可采收分枝嫩尖，每个分枝应留基部 2 ~ 3 节，以便继续产生分枝；以后每隔 15 ~ 20 天便可采收 1 次，一季可采收 9 ~ 10 次；春后气温渐渐升高，豌豆苗会现蕾开花，顶部嫩尖质地也随着变差，此时应停止采收。

### 2. 采收标准

普通豌豆尖：取豌豆尖嫩梢部分，不去卷须，两茎呈"V"形分开，全长 15 ~ 20 cm。

"2 叶 1 心"：取豌豆尖嫩梢 3 个节，去掉顶部卷须，底部保留长 1 cm 的嫩茎，形似 2 个展开的大贝壳和 1 个闭合的小贝壳，称三节豆贝，长度约 12 ~ 17 cm。

豆贝：取豌豆尖心芽和卷须未展开的第一节，或取未展开的第二节，去掉展开的心芽和卷须，底部齐基部摘取，因其形似闭合的贝壳，故称为豆贝，长 5 ~ 7 cm。

# 五、病虫害防治

## （一）主要虫害防治

### 1. 潜叶蝇

潜叶蝇主要取食叶、茎、荚的叶绿素而形成白点，然后逐步形成白色食道，影响植株光合作用，严重时植株萎缩枯死。

防治方法：用 5% 氟虫脲乳油 2000 倍液喷施，以防治成虫。在低龄幼虫始盛期，选用 2% 甲氨基阿维菌素苯甲酸盐 4000 倍液、10% 吡虫啉可湿性粉剂 4000 倍液、10% 氯氰菊酯乳油 2000 倍液等喷施。在潜叶蝇 1 ~ 2 龄期、蛀道不超过 2 cm 时喷药，应不断轮换使用或更新农药，以防害虫产生抗性。

### 2. 蚜虫

蚜虫刺吸嫩叶、嫩茎、花及豆荚的汁液，使叶片卷缩发黄，嫩荚变黄，严重时影响生长，造成减产。

防治方法：可用黄板诱杀；或在田间悬挂或覆盖银灰膜、在大棚周围挂银灰色膜条驱避蚜虫；或用银灰色遮阳网、防虫网覆盖栽培；或选用 50% 抗蚜威可湿性粉剂 2500 倍液、40% 氰戊菊酯乳油 3000 倍液、2.5% 溴氰菊酯乳油 3000 倍液、1% 阿维菌素乳油 1800 倍液，交替喷施叶背。

### 3. 豆秆蝇

幼虫钻蛀茎秆为害,蛀食髓部和木质部,幼虫成熟后在茎壁上咬 1 个羽化孔,化蛹羽化。受害植株下部叶片发黄,并向上发展,重者茎中空,叶脱落,植株因水分和养分受阻而逐渐枯死。苗期受害,因养分输送受阻,有机养料累积,刺激细胞增生,造成根茎部肿大,有的会开裂。

防治方法:一是施用腐熟农家肥;二是豌豆苗出齐时施用 1 次内吸性杀虫剂,如选用 2.5% 高效氟氯氰菊酯乳油 2000 倍液、23% 灭·杀双水剂 1200 ~ 2000 倍液、0.2% 阿维菌素乳油 2000 倍液、75% 环丙氨嗪可湿性粉剂 5000 倍液 +10% 氯氰菊酯乳油 2000 倍液等喷施,防治效果可达 85% 以上,也可用吡虫啉、杀虫双、杀虫单等喷施,一般连续防治 2 次。

### 4. 蓟马

蓟马主要危害子叶、真叶和生长点等幼嫩部位,轻则叶背出现银灰色斑点或小斑块,叶片变形,重则生长点被破坏或顶尖折断,子叶变肥大,引起豌豆苗死亡。真叶受害,出现黄色斑块,后叶片皱缩、破烂或折断,植株生长缓慢,花蕾大大减少。

防治方法:用 3% 啶虫脒乳油 1500 倍液喷雾防治,每亩用药 40 mL,隔 7 ~ 10 天喷 1 次,一般连续喷 2 ~ 3 次。

### (二)主要病害防治

### 1. 褐斑病

叶片染病呈不规则的褐色小点,在高温、高湿条件下病斑迅速扩散,布满整个叶片,后病叶变黄、扭曲而枯死;有的呈深褐色不规则轮纹斑,叶片中央坏死处产生黑色小点。

防治方法:发病初期,选用 78% 波尔·锰锌可湿性粉剂 600 倍液、40% 多·硫悬浮剂 600 倍液、50% 多菌灵可湿性粉剂 500 倍液、75% 百菌清可湿性粉剂 600 倍液防治,隔 7 ~ 10 天喷 1 次,连续喷 2 ~ 3 次。

### 2. 锈病

叶片染病初期,在叶面或叶背产生细小圆形赤褐色肿斑,破裂后散出暗褐色粉末;后期又在病部生出暗褐色隆起斑,纵裂后露出黑色粉质物。

防治方法:发病初期,选用百菌清 1000 倍液、25% 吡唑醚菌酯悬浮剂 1500 倍液、25% 戊唑醇可湿性粉剂 2000 倍液防治,隔 7 ~ 10 天喷 1 次,连续喷 2 ~ 3 次。

### 3. 根腐病

幼苗期主根上产生褐色或黑褐色斑点,后扩展为长条形的凹陷斑块。严重时地下侧根由根尖开始变褐色,并逐步发生腐烂,重病株的主根和须根全部发生腐烂,导致"秃根"。病株的地上部生长发育不良,病株苗矮小、瘦弱,叶片发黄,直至干枯死亡。

防治方法:选用 50% 多菌灵可湿性粉剂 800 倍液、40% 地衣·枯草芽孢杆菌 400 倍液、70% 甲基硫菌灵可湿性粉剂 800 倍液 +50% 福美双可湿性粉剂 600 倍液、20% 甲基立枯磷乳油 1200 倍液淋根或灌根,隔 7 ~ 10 天使用 1 次,连续使用 2 ~ 3 次。

### 4. 白粉病

叶面初期出现白粉状淡黄色小点，后扩大为不规则形状的粉斑，相互连合，病部表面被白粉覆盖，以后蔓延到茎。严重时，叶片茎部枯黄嫩茎干缩后期，白粉层中散出闭囊壳，先为黄色，后为黑色的小点。

防治方法：在豌豆第一次开花或发病初期，喷施 15% 三唑酮可湿性粉剂 1500 ~ 2000 倍液，隔 7 ~ 10 天喷 1 次，连续喷 3 ~ 4 次。

用药后应注意，喷施农药 10 天后才能采收。

# 第二十三节 落葵（木耳菜）春夏栽培技术

## 一、主要特征特性

落葵是落葵科落葵族属的一年生半缠绕草本植物。茎肉质，茎蔓长者有时甚至可达百数米，无毛。叶片卵形，或椭圆状，或近圆形，顶端微凸尖，基部微心形或近于矩圆形；叶柄两棱板上缘有稍明显的凹槽；叶肉含极丰富的维生素及钙、铁等微量元素。落葵茎、花中的汁水有清热消肿、解毒止痛等作用，可清暑、解水痘毒，外用冷敷皮肤可治疮疖痈毒及乳头肿胀破裂。落葵果汁被选作高级饮料的食品添加剂——着色剂。落葵还有利尿、缓泻、健胃等功效，是适宜栽培的食药两用蔬菜，也可作为庭园的观赏植物。

## 二、对环境条件的要求

落葵是喜温作物，耐高温、高湿，不耐寒，适宜生长温度为 20 ~ 25 ℃。

## 三、类型及品种

### （一）类型

落葵主要分两种类型，开红花的为红落葵，开白花的为白落葵。

### （二）品种

要想种出高质量的落葵，选择高产、优质、抗病性强的品种是关键。适合大棚栽培的落葵品种有大叶落葵、红梗落葵、白花落葵。

## 四、栽培技术

### （一）播种育苗

用种量：5.5 ~ 6.0 kg/ 亩。

播种方法：直播或育苗移栽。直播可直接开沟条播，沟深 2 ~ 3 cm，行距 55 ~ 60 cm，种子均匀撒播到沟内（附图中图 39），覆土 1.5 ~ 2.0 cm 厚，然后覆盖地膜以保温、保湿。

## （二）整地定植

### 1. 地块选择

一般选用大棚种植，以便保温、保湿。露地栽培，选用地势平坦，土壤疏松、肥沃，水源充足，病虫害少的地块。

### 2. 整地与施肥

早耕多翻，打碎耙平，施足基肥。耕层的深度为 15 ~ 20 cm，多采用宽畦栽培，畦宽（含沟）1.5 ~ 1.8 m、高 10 ~ 15 cm，长度视地块而定。整地时施入充分腐熟的有机肥和三元复合肥，尽量不用鸡粪。

### 3. 定植

育苗移栽的可利用简单的保护设施（如风障、阳畦等）育苗，以提早上市。

## （三）田间管理

### 1. 苗期管理

播种后棚内温度应保持在 30 ℃左右，一般经 1 周左右就可出苗，这时就进入了苗期管理阶段。由于落葵的种壳比较厚且坚硬，落葵出苗后有些种壳会包裹在苗叶上而难以脱落，这样会影响落葵幼苗的正常生长。因此，当发现幼苗上顶有种壳时，要及时用手将种壳轻轻地去掉。10 ~ 12 天就可出齐苗。

幼苗出齐苗后应降低棚内温度，但不可低于 18 ℃。由于棚内温度高，在畦中会滋生许多杂草。这些杂草不但会与落葵争夺养分，还会引发一些病虫害，因此要及时清除。除草一般与间苗同时进行，也就是幼苗长出 1 ~ 2 片真叶的时候，间苗时要间去细弱苗，保留强壮苗，一般留苗间距为 2 ~ 3 cm。追肥可用硫酸铵和磷钾复合肥，用量分别为 20 kg/ 亩、10 kg/ 亩。由于撒播栽培的落葵生长得比较密集，施肥时很容易将化肥撒在叶片上，这样会将落葵的叶片烧坏，因此施肥后还要用小木棍轻拨落葵叶片，使落到叶片上的肥料散落到土壤上。追肥后要浇透水。对于条播栽培的落葵，当苗长出 4 ~ 5 片真叶时就要进行定苗了。定苗间距为 15 ~ 20 cm。定苗的原则是"去小留大，去弱留强"。由于落葵此时的根系已经入土较深，在定苗时要用手指捏住落葵苗茎的根部，将苗从土中拔出。切不要用力拔叶片或茎的上部，那样很容易将幼苗拔断，使幼苗根系留在土壤中，再清理起来就非常不容易了。

### 2. 温度管理

落葵喜温，因此严格的温度管理十分必要，生长期间最好将大棚中的温度控制在 25 ~ 30 ℃之间。为了保温，在冬春季节气温低时，可在大棚上加盖草帘。白天打开草帘增加日照，提高棚内温度；夜晚放下草帘，对大棚进行保温。当白天棚内温度高于 30 ℃时，可打开棚膜降温。

### 3. 中耕培土

中耕培土能使落葵根系更好地下扎，吸收土壤中更多的养分。一般在定苗后，上架时及每次采收后，都应进行中耕除草，并适当向植株基部培土。

### 4. 肥水管理

落葵生长过程中需肥量和需水量都很大，因此肥水管理要贯穿在整个日常管理中。在施足基肥的基础上，生长期间还要多次追施速效氮肥，落葵栽培的整个过程中不可缺肥，否则梢老、叶小，品质差。追肥一般在每次采收后进行。每次追肥数量：充分腐熟的有机肥 800 ~ 1000 kg/ 亩 + 尿素 15 kg/ 亩。

### 5. 植株调整

根据栽培目的的不同，有两种整枝方式。

以采收嫩梢为主者：苗高 35 cm 时可进行第一次采收，基部留 3 ~ 4 片叶，将上部嫩梢掐下，为防止侧枝过多耗费营养，应选留 2 个强壮侧芽成梢，其余抹去；第二次应采收侧枝上的嫩梢，同时选留 3 ~ 4 个健壮侧芽成梢，生长旺盛期可选留 5 ~ 8 个侧芽成梢；中后期要及时去掉花蕾，这样有利于叶片肥大、梢肥茎壮、品质提高，且能缩短收获期的间隔时间，提高产量。

以采收叶片为主者：苗高 30 cm 时应及时用竹竿搭"人"字形架引蔓上架，并选留植株基部强壮侧枝和主茎一起成为骨干蔓，骨干蔓上不再留侧枝成蔓；骨干蔓长到架顶时要摘心，摘心后再从基部选留 1 ~ 2 条强壮侧芽成蔓以逐步取代原骨干蔓，原骨干蔓叶片采完后剪掉下架；在采收末期应根据植株生长势减少骨干蔓数，同时也要尽早地抹掉花茎幼蕾。

## （四）适时采收

以采收嫩叶为主的（附图中图 40），一般前期（从上架到主蔓摘心）12 ~ 15 天采收 1 次，中期（从采收骨干蔓到培养骨干蔓侧枝）10 ~ 13 天采收 1 次，后期（从剪掉原骨干蔓到落葵下架）6 ~ 9 天采收 1 次。以采收嫩梢为主的（附图中图 41），收割头梢后 7 ~ 10 天采收 1 次，用刀割或剪刀剪，以长 15 ~ 20 cm 为宜，一般采收期 2 ~ 3 个月。

# 五、病虫害防治

## （一）主要虫害防治

落葵病害主要是蚜虫。一般采用农业防治、物理防治、生物防治、药剂防治，及时清理病残体，烧毁或深埋，拔除病叶，清除杂草，减少虫源。

物理防治：①通风口覆盖 40 ~ 60 目的防虫网；②采用 30 cm×20 cm 的黄板、蓝板诱杀蚜虫，黄板：蓝板 = 3：1，间隔悬挂在植株上方 20 cm 处，35 ~ 40 块 / 亩。

生物防治：保护瓢虫、食蚜蝇、草蛉等益虫，可人工释放丽蚜小蜂，充分利用天敌控制蚜虫、白粉虱为害。

药剂防治：百株蚜虫量达到 700 头时，及时进行防治。选用 10% 吡虫啉可湿性粉剂 1500 倍液、5% 除虫菊素乳油 1500 倍液、0.3% 印楝素乳油 600 ~ 800 倍液、0.3% 苦参碱水剂 600 ~ 800 倍液喷施防治，隔 5 ~ 7 天防治 1 次，连续防治 1 ~ 2 次。以上药剂应交替使用，每种药剂只能使用 1 次。采摘前 7 ~ 10 天停止用药。

## （二）主要病害防治

落葵主要病害为褐斑病、灰霉病。

### 1. 褐斑病

发病前，用 25% 嘧菌酯 1500 ~ 2000 倍液喷施预防。发病初期，用 47% 春雷·王铜可湿性粉剂 800 倍液或 75% 百菌清可湿性粉剂 800 倍液喷施防治，药剂交替使用，隔 7 ~ 10 天防治 1 次，防治 1 ~ 2 次。以上药剂应交替使用，每种药剂只能使用 1 次。采摘前 5 ~ 7 天停止用药。

### 2. 灰霉病

发病前，用 25% 嘧菌酯 1500 ~ 2000 倍液喷施预防。发病初期，选用 50% 腐霉利可湿性粉剂 1000 ~ 1500 倍液、65% 甲霜灵可湿性粉剂 1000 ~ 1500 倍液、25% 醚菌酯悬浮剂 2500 ~ 3000 倍液喷施防治，药剂交替使用，隔 7 ~ 10 天防治 1 次，防治 1 ~ 2 次。采摘前 5 ~ 7 天停止用药。

# 第二十四节　特色野生蔬菜——荠菜春夏栽培技术

## 一、主要特征特性

荠菜是一年或二年生草本植物，茎直立，有分支，被单毛、分支毛和星状毛。基生叶莲座状，叶柄有狭翼，叶片羽状深裂、大头羽裂、不整齐羽裂、深波状分裂或近全缘，顶裂片大，侧裂片长三角形，两面被毛；茎生叶无柄，披针形，基部呈箭形，抱茎。总状花序顶生和腋生。花期5—6月，果期6—7月。

荠菜种子发芽适宜温度为20～25℃，在温度15℃左右、日照良好时，植株生长迅速，品质优良，播种后30天左右即可收获。营养生长适宜温度为12～20℃。温度低于10℃，生长缓慢；温度在22℃以上，生长也慢，且品质差。秋季栽培时气温适宜，且光照充足，荠菜的生长态势和品质最佳。荠菜的耐寒力强，在−5℃的低温条件下植株不受冻害。萌动的荠菜种子或幼苗，在2～5℃的低温条件下，经过10～20天，即可通过春化阶段。用泥土层积法或在2～7℃冰箱中低温处理7～10天，能够打破种子休眠，即可随时播种，达到常年生产。

## 二、对环境条件的要求

荠菜为耐寒性蔬菜，喜冷凉湿润和晴朗的气候，在2～5℃的低温下，10～20天通过春化即抽薹开花，品质差。荠菜对光照要求不严格，但在冷凉短日照条件下，营养生长良好。荠菜对土壤条件要求不严，但肥沃、疏松的土壤能够使荠菜生长旺盛，叶片肥嫩，开化迟，品质好。荠菜适宜春、夏两季栽培，春季栽培在2月下旬至4月下旬播种；夏季栽培在7月上旬至8月下旬播种，利用塑料大棚或日光温室栽培，荠菜可于10月上旬至次年2月上旬随时播种。

## 三、类型及品种

### （一）类型

#### 1. 阔叶型荠菜

形如小菠菜，叶片塌地生长，植株开展度可达18～20 cm，叶片基部有深裂缺刻，叶色较绿，鲜菜产量较高。

## 2. 麻叶（花叶）型荠菜

叶片塌地生长，植株开展度可达 15 ~ 18 cm，叶片羽状全裂，缺刻裂，细碎如飞廉叶形，绿色，香气浓郁。

## 3. 紫红叶荠菜

叶片塌地生长，植株开展度为 15 ~ 18 cm，叶片形状介于上述两者之间，不论肥水条件好坏，长在阴坡或阳坡、高地或凹地，叶片、叶柄均呈紫红色，叶片上稍具茸毛，适应性强，口味佳。

### （二）品种

#### 1. 板叶荠菜

板叶荠菜又叫大叶荠菜（附图中图 42），植株塌地生长，开展度为 18 cm。叶片浅绿色，长约 10 cm、宽约 2.5 cm，约有 18 片；叶缘羽状浅裂，近全缘，叶面平滑，稍具茸毛，遇低温后叶色转深。该品种抗寒、耐热能力较强，早熟，生长快，播种后 40 天可采收，产量较高，外观商品性好，风味鲜美。该品种的缺点是香气不够浓郁，冬性弱，抽薹较早，不宜春播，一般秋季栽培。

#### 2. 散叶荠菜

散叶荠菜又叫百脚荠菜、慢荠菜、花叶荠菜、小叶荠菜、碎叶荠菜、碎叶头等，叶片塌地生长，开展度为 18 cm。叶片绿色，羽状全裂，有 20 片左右；叶缘缺刻深，羽状深裂，长约 10 cm，叶面平滑，茸毛多，遇低温后叶色转深，带紫色。该品种抗寒能力中等，耐热能力强，冬性强，播种后 50 ~ 55 天可采收，香气浓郁，味极鲜美，适宜春季栽培。

## 四、栽培技术

### （一）播种育苗

#### 1. 播种方法

荠菜的种子非常细小，播种时需小心谨慎。常撒播，用力使其均匀落地。播种时拌 3 ~ 5 倍细土，播种后用脚轻轻地踩 1 遍，使种子与泥土紧密接触，以利于种子吸水，提早出苗。在夏季播种，可在播种前 1 ~ 2 天浇湿畦面，播种后用遮阳网覆盖，防止因高温干旱而造成出苗困难。

#### 2. 播种量

春播用种量 0.75 ~ 1.00 kg/ 亩，夏播用种量 2.0 ~ 2.5 kg/ 亩。

## （二）整地

选择肥沃、杂草少的砂壤土，避免连作。播种时每亩施腐熟的有机肥 3000 kg，浅翻、耙细，畦面宽 2 m，深沟高畦，以利于排灌。

## （三）田间管理（附图中图 43）

### 1. 水分管理

在正常气候下，春播 5～6 天能齐苗，夏播 3 天能齐苗。出苗前要小水勤浇，保持土壤湿润，以利于出苗。出苗后注意适当灌溉，以保持土壤湿润为度，雨季注意排水防涝。雨季如有泥浆溅在菜叶或菜心上，要在清晨或傍晚时将泥浆冲掉，以免影响荠菜的生长。

### 2. 施肥管理

荠菜由于生长期短，一般追肥 2 次。第一次在 2 片真叶时，第二次在相隔 15～20 天后。每次每亩施腐熟的清粪水 1500 kg 或尿素 10 kg。须时常中耕拔草，做到"拔早、拔小、拔了"，勿待草大压苗，或拔大草时伤苗。

### 3. 采收管理

荠菜生长较快，播种到采收一般需 30～50 天，采收的次数为 1～2 次。采收时选择具有 10～13 片真叶的大株采收，带根挖出，留下中苗、小苗继续生长。同时注意先采密的植株，后采稀的植株，使留下的植株分布均匀。采收后及时浇水，以利于剩余植株继续生长。每亩产量 2500～3000 kg。

# 五、病虫害防治

## （一）主要虫害防治

荠菜主要虫害为蚜虫。蚜虫危害荠菜后，荠菜叶片变成黑绿色，失去食用价值，还易传播病毒病。在发现蚜虫危害时，选用 40% 吡虫啉水溶剂 1500～2000 倍液、50% 马拉松乳剂 1000 倍液、50% 杀螟松乳剂 1000 倍液喷施防治。

## （二）主要病害防治

荠菜主要病害为霜霉病，春夏多雨时节、空气潮湿时易发生。发生初期，可喷施 75% 百菌清 600 倍液。

# 第二十五节　特色野生蔬菜——灰灰菜春夏栽培技术

## 一、主要特征特性

灰灰菜，学名藜，别名野灰菜、灰蓼头草等，为藜科藜属一年生草本植物。茎直立、粗壮、圆柱形，高 60 ~ 120 cm，具棱和绿色纵条纹，分枝较多，枝上升或开展；单叶互生，有长叶柄，边缘有不整齐的锯齿；圆锥花序，花两性，黄绿色；种子黑色光亮，表面有不明显的沟纹及点洼，胚环形。灰灰菜被称为"天然钙库"，具有较高的营养价值。

## 二、对环境条件的要求

灰灰菜对环境的适应性强，较喜冷凉湿润的环境。耐高温、低温，耐盐碱，4 ~ 5 ℃种子可缓慢发芽，22 ~ 25 ℃发芽良好，14 ~ 16 ℃生长最快。花芽分化和抽薹要求长日照条件。对土壤要求不严格。灰灰菜可以多次采收，生长期长，应增施基肥。灰灰菜适宜春夏种植，开春后温度回升至 15 ℃以上即可种植，一般在 4 月上旬至 8 月下旬播种。

## 三、类型及品种

### （一）类型

#### 1. 大叶灰灰菜

叶片深绿色，菱状卵形，长 4.0 ~ 6.0 cm，宽 3.0 ~ 5.0 cm，茎绿色。

#### 2. 细叶灰灰菜

叶片淡绿色，呈披针形，长 2.0 ~ 4.0 cm，宽 1.5 ~ 2.0 cm，茎有淡红色条纹。

### （二）品种

#### 1. 藜

最常见的一种灰灰菜，幼苗鲜嫩。藜的叶片稍宽些，长和宽相近，披针形，叶片背面粉比较多。藜的生命力旺盛。

#### 2. 灰绿藜

叶片相对细长，中间的叶脉很明显，黄绿色的；叶片背面灰白色的，呈粉状。茎有棱，有的棱是红色，有的棱是绿色。

## 3. 小藜

叶子相对更长，裂片明显，尤其是靠近叶柄的地方，两个裂片对称。植株高 20 ~ 50 cm，茎秆直立，有棱，绿色。

## 4. 红心藜

红心藜顶部嫩叶发红，边缘有不整齐的锯齿；圆锥花序。

# 四、栽培技术

## （一）播种

播种前每亩施3% ~ 5%辛硫磷1.5 ~ 2.0 kg对土壤进行杀虫处理，以避免地老虎侵害幼苗；畦面喷湿水分，以便种子能快速吸水出芽。播种可采用撒播或条播，播种力度均匀，种子播完后，盖上厚1 cm左右的细土，用喷雾器均匀喷施水分。

## （二）整地

选择无杂草、肥沃、平整的砂壤土，播种前将土壤充分翻细、耙匀，做高畦且畦面平整，畦面宽约1.5 m、高约20 cm，每亩施2000 kg腐熟的农家肥作基肥。

## （三）田间管理

### 1. 肥水管理

在幼苗出土后，适当控制水分，坚持"见干浇水，少水勤施"的原则。灰灰菜生长期短，长得快，期间追施1 ~ 2次肥料，追施肥料以农家肥为主，每次每亩施腐熟的清粪水1500 kg或尿素10 kg。

### 2. 适时采收

待植株长到8 ~ 10 cm时可采摘植株顶部嫩茎叶，选择生长势强、植株粗壮的茎叶采摘。由于灰灰菜分枝性强，采摘后须及时浇水追肥，以利于植株抽发新梢，延长采收期。

# 五、病虫害防治

灰灰菜极少发生病害，但易出现飞虱附着叶片，导致商品性降低。
防治方法：可用黄板诱杀来防治。

# 第二十六节　特色野生蔬菜——马齿苋春夏栽培技术

## 一、主要特征特性

马齿苋俗称长命菜、瓜籽菜等，是马齿苋科一年生肉质草本植物（附图中图44）。全株无毛。茎平卧，伏地铺散，枝淡绿色或带暗红色。叶互生，叶片扁平，肥厚，似马齿状，上面暗绿色，下面淡绿色或带暗红色；叶柄粗短。花无梗，午时盛开；苞片叶状；萼片绿色，盔形；花瓣黄色，倒卵形；雄蕊花药黄色；子房无毛。蒴果卵球形；种子细小，偏斜球形，黑褐色，有光泽。

## 二、对环境条件的要求

选择光照充足，水源充足，排水良好，土壤疏松、肥沃、保水和保肥性好的地块。适宜春夏播种，种植生产期间温度以 15 ℃以上为宜。

## 三、类型及品种

### （一）类型

马齿苋的类型有大叶型的荷兰马齿苋和小叶型的本土马齿苋两种。

### （二）品种

#### 1. 大花马齿苋

大花马齿苋是常见的马齿苋品种，植株高 3 cm 左右，花朵直径可达 5 cm，颜色较为丰富，有红色、淡紫色、橙黄色、白色等。花型分为重瓣和单瓣。在温暖的环境下全年都可开花。

#### 2. 半枝莲

半枝莲又叫太阳花、松叶牡丹，因植株在光照充足的环境下开花，并且花形类似牡丹而得名。半枝莲的茎、叶都呈肉质，花朵开放在枝条的最上端。

#### 3. 紫米粒

紫米粒为多年生的草本植物，外形像缩小版的半枝莲。因在偏凉的环境中，在强光的照射下，叶片会变成紫红色或者出现紫晕，因而被称为紫米粒。紫米粒叶片呈米粒状，花色为玫红色，有 5 片花瓣，会在每年夏季、秋季开放。

### 4. 毛马齿苋

毛马齿苋的枝茎较为繁多，叶片为互生，近似圆柱形，顶端较为纤细，像细针一样。腋内带有细密的茸毛，茎部较为密集，花色为紫红色，具极高的观赏价值。

## 四、栽培技术

### （一）播种

马齿苋种子细小，易发生播种不均匀的现象。可用少量细土与种子充分搅拌，再将混有种子的细土均匀撒在畦上，用喷雾器喷湿土壤即可。

### （二）整地

多次翻耕种植地块，土壤呈细散状为最佳状态，每亩撒施腐熟农家肥 2000 kg 作基肥，将基肥与土壤充分混匀，高厢做畦，畦面宽约 1.5 m、高约 20 cm，沟宽约 1 m。

### （三）田间管理

#### 1. 肥水管理

马齿苋是一种喜湿植物，因此在生长期间需要充足的水分灌溉，保证土壤环境湿润。切勿积水，浇水时最好采用喷灌的方式，做到"及时补水，少量多次"。追肥可与补水同时进行，肥料充分溶于水后一同补施，生长期间追施 1 ~ 2 次复合水溶肥（氮∶磷∶钾=15∶15∶15），用肥量约 15 kg/亩。定期中耕除草，去除老苗、病苗，保持田园干净整洁。

#### 2. 采收

待植株长到 10 cm 以上后就可采摘嫩梢，选择粗壮、嫩绿、无病虫害的枝梢。采摘后及时补水、补肥，以利于延长采收期。

## 五、病虫害防治

### （一）主要虫害防治

#### 1. 蚜虫

选用 40% 吡虫啉水溶剂 1500 ~ 2000 倍液、50% 马拉松乳剂 1000 倍液或 50% 杀螟松乳剂 1000 倍液等喷施防治。

## 2. 蜗牛

选用 98% 硫酸铜 800 ～ 1000 倍液、1% 食盐水、氨水 800 倍液喷施防治。

### （二）主要病害防治

马齿苋主要病害为白粉病。

防治方法：先剪掉已发生病害的病枝叶，再用 50% 嘧菌酯水分散粒剂 3000 倍液或 15% 三唑酮乳油 1000 倍液等喷施防治。

# 第二十七节 特色野生蔬菜——藜蒿春夏栽培技术

## 一、主要特征特性

藜蒿（附图中图 45）是菊科蒿属草本植物，又名芦蒿、水蒿等，是以嫩茎为食的地方特色蔬菜。目前栽种的藜蒿可分为 3 种，第一种是大叶蒿，叶片多 5 裂；第二种是细叶蒿，叶片 3 裂；第三种是碎叶蒿，叶片边缘有很多小锯齿。藜蒿地上茎有节，每节上有隐芽，可形成新的植株，地上嫩茎和地下嫩茎是用于食用的主要部分。叶片正面呈绿色，背面呈白色，有茸毛。茎秆食用的部分有青绿色和红色两种，主要受栽培品种和栽植密度影响。

## 二、对环境条件的要求

藜蒿性喜温暖湿润的气候条件，要求较高的空气相对湿度（85% 以上），不耐干旱。10 ℃左右生长缓慢，15 ℃以上生长很快。藜蒿对土壤要求不严，但以肥沃、疏松、排水良好的壤土为宜。藜蒿根系浅，要求土壤湿润、透气性良好。土壤湿度 60% ～ 80% 有利于根状茎生长和腋芽萌发，抽生地上嫩茎；在排水不良的土壤中，发根少且生长不良，长期渍水根系变褐色而死亡。藜蒿对光照要求比较严格，光照不足影响生长，还易感染病害。藜蒿对养分要求全面且需求量大，基肥应以氮肥为主，适当追施锌、铁、锰等微量元素，可使藜蒿风味更浓。藜蒿宜早春播种，4 ℃左右开始萌发，10 ～ 15 ℃生长较快，20 ～ 25 ℃地上茎易老化，一般采收期为 3 ～ 4 个月。

## 三、类型及品种

### （一）类型

**1. 白藜蒿**

嫩茎淡绿色，粗壮多汁，脆嫩，不易老化。叶色稍浅，叶面呈黄绿色。春季萌芽较早，可食部分较多，产量较高，但香味不浓，适宜露地栽培。

**2. 红藜蒿**

嫩茎刚萌生时，为绿色或淡紫色，随着茎的生长，色泽加深，最终嫩茎呈淡紫色或紫红色。茎秆纤维较多，易老化。叶色较深。春季萌芽较迟，可食用部分少，产量较低，但香味较浓，适宜保护地栽培。

### 3. 青藜蒿

属碎叶蒿，茎青色。味香，产量高，适宜保护地栽培。

## （二）品种

### 1. 大叶青

江苏南京栽培品种。成株高 85 cm 以上，茎直径约 0.74 cm。叶长约 17 cm、宽约 15 cm，幼茎青色，羽状三裂片，裂片边缘锯齿不明显。茎多汁而脆嫩，产量较高，香味较淡。

### 2. 小叶白

江苏南京栽培品种。成株高 74 cm 左右，茎直径约 0.54 cm。叶长约 14 cm、宽约 15 cm，叶背面绿白色，有短茸毛。茎绿白色，纤维较少，品质佳。

### 3. 云南藜蒿

武汉栽培的主要品种。成株高 80 cm 左右，茎直径约 0.8 cm。叶长约 15 cm、宽约 10 cm，裂片较宽且短。幼茎绿白色，纤维少，半匍匐生长，产量比较高，品质较好。

### 4. 鄱阳湖野蒿

江西鄱阳湖周边地区栽培品种。成株高 87 cm 左右，茎直径约 0.8 cm。叶长约 19 cm、宽约 15 cm，裂片细长，边缘锯齿深而细。茎秆紫红色，纤维多，香味浓。

### 5. 李市藜蒿

湖北荆门李市镇栽培品种。成株高 35 cm 左右，茎直径约 0.7 cm。叶片绿色，羽状深裂，裂片长约 15 cm、宽约 1.5 cm，叶缘有长锯齿。嫩茎柔软，香气浓郁。

人工种植应选择大叶青品种。该品种在繁殖中发苗早，采收时间较普通品种早 5 ~ 10 天，能提早上市；苗头多，头茬产量 700 ~ 800 kg/ 亩，采用双模保温栽培二茬，产量 200 ~ 300 kg/ 亩。

## 四、栽培技术

## （一）育苗

生产中多数采用砍条直接条播法或撒播繁殖法，即在 10—11 月将地上茎或地下茎挖起，砍成 10 ~ 12 cm 的小段条，每段条上保留 2 ~ 4 个叶节芽。

## （二）整地

施足基肥。选择砂壤土进行栽培，整地时每亩施入有机肥 2000 kg，加施复合水溶肥（氮∶磷∶钾 =15∶15∶15）50 kg。

### （三）田间管理

**1. 肥水管理**

出苗后及时中耕除草，见干补水以保证适宜的土壤湿度，浇水的同时每亩追施 1 次复合水溶肥（氮：磷：钾 =15 ∶ 15 ∶ 15）30 kg，促进早发快长。

**2. 适时采收**

当藜蒿长到 15 ~ 20 cm 时开始采收，用刀平地割齐，打掉下部老叶、老茎，保留上部嫩梢，整齐捆绑装箱。收割第一茬后，及时补充水分和肥料，促使植株生发新芽，增加采收次数，从而提高产量。

## 五、病虫害防治

### （一）主要虫害防治

**1. 蚜虫**

选用 40% 吡虫啉水溶剂 1500 ~ 2000 倍液、50% 马拉松乳剂 1000 倍液或 50% 杀螟松乳剂 1000 倍液喷施防治。

**2. 稻纵卷叶螟**

用 80% 杀虫单可湿性粉剂。

**3. 稻飞虱**

用 50% 吡蚜酮、80% 烯啶·吡蚜酮喷施防治。

### （二）主要病害防治

藜蒿主要病害有病毒病、白粉病、白绢病、菌核病和灰霉病等。藜蒿忌长期连作，应及时换茬，防止病虫害发生。秋冬茬覆盖后，应注意塑料棚的通风排湿，降低湿度可防止病害发生。

**1. 白粉病**

发病初期，选用 70% 甲基硫菌灵可湿性粉剂 1000 倍液、20% 三唑酮乳油 1500 ~ 2000 倍液或 10% 苯醚甲环唑水分散粒剂 1500 倍液喷施防治，隔 10 天喷 1 次，连喷 2 ~ 3 次。

**2. 病毒病**

在防治蚜虫的同时，可用 1.5% 植病灵乳剂 800 倍液或 20% 盐酸吗啉胍·铜可湿性粉剂 300 倍液防治。

## 3. 灰霉病

发病初期，每亩用 2% 腐霉利烟剂，将其分散点燃，关闭棚室，熏蒸 1 夜。

## 4. 白绢病

发病初期，用 15% 三唑酮乳油 1500 倍液喷于茎基部，隔 7 ～ 10 天喷 1 次，连喷 2 次。

## 5. 菌核病

发病初期，选用 40% 菌核净可湿性粉剂 1000 倍液、50% 异菌脲悬浮剂 800 ～ 1000 倍液或 40% 嘧霉胺悬浮剂 800 ～ 1500 倍液等防治，隔 7 ～ 10 天喷 1 次，连喷 2 ～ 3 次。

# 第二十八节　特色野生蔬菜——清明菜春夏栽培技术

## 一、主要特征特性

清明菜又名鼠曲草、燕子花，属菊科草本植物。人们常于清明前后采摘其嫩苗煮熟，与米粉揉匀做成糕团，香糯可口。植株高 10 ~ 40 cm。根状茎细长，木质；匍枝细长，有膜质鳞片状叶及顶生的莲座关叶丛。茎直立或斜升，具白色蛛丝状绵毛。

## 二、对环境条件的要求

清明菜适宜春播，春播时间从 2 月下旬到 4 月中旬。种子易萌发，发芽的适宜温度为 15 ~ 20 ℃，4—7 月收获。播种至采收一般需 30 ~ 60 天。

## 三、类型及品种

清明菜种类单一，目前未区分种类。

## 四、栽培技术

### （一）播种

清明菜种子细小，播种时种子和细沙土混合，均匀撒播在畦面上，播种后覆盖厚 1 cm 左右的细沙土，用喷雾器喷湿土壤。若温度较低，播种后再覆盖 1 层薄膜，以提高土壤温度、湿度，促进种子发芽。

### （二）整地

选择平整、疏松、肥沃的地块，多次旋耕将土块打细，再用耙子耙匀，每亩撒施腐熟农家肥 2000 kg 作基肥，拉线做畦，畦面宽约 1.5 m、高约 20 cm，除去畦面杂草或异物，喷湿畦面以待播种。

（三）田间管理

### 1. 肥水管理

播种后至幼苗出土前保证土壤湿润，以便种子吸水发芽；出苗后，适当控制水分，"见干浇水，少量多次"，及时间苗和锄草，待幼苗长到 6 cm 高时每亩追施 1 次复合水溶性肥料 30 kg。

### 2. 采收

清明菜主要食用其嫩茎，待植株长到 20 cm 左右，即可采摘粗壮、嫩绿的茎梢，采摘后去除老叶、病株，及时补充水分和肥料，以促进植株二次抽生，延长采收期。

## 五、病虫害防治

清明菜很少发生病虫害，若发生少量病虫害，直接将发生病虫害的植株清理出田园即可。

# 第五章

# 贵州不同生态区蔬菜高效种植模式

## 第一节 低海拔（海拔800 m以下）地区蔬菜高效种植模式

### 模式1：春白菜－水稻－秋冬果菜类蔬菜（如四季豆、南瓜、黄瓜、瓠瓜等）一年三熟种植模式

第一季春白菜：选用耐抽薹的白菜品种，采用小拱棚或大棚育苗。1月下旬至2月上中旬播种，2月下旬至3月上中旬移栽，地膜覆盖栽培，3月下旬至4月中下旬采收。亩产量一般为3500～4000 kg，亩产值一般为5600～6400元。

第二季水稻：选用早熟或中熟品种。4月下旬至5月上旬播种育苗，5月下旬至6月上旬移栽，9月上旬至中旬采收。亩产量一般为600 kg，亩产值一般为2400元。

第三季秋冬果菜类蔬菜：选用四季豆、南瓜、黄瓜、瓠瓜等。秋冬果菜类蔬菜亩产量一般为1300～3500 kg，亩产值一般为3000～5600元。

（1）四季豆选用早熟、耐热又耐寒的品种。9月中旬至下旬直播，地膜覆盖栽培，11月上旬至12月中旬采收。亩产量一般为1300～1500 kg，亩产值一般为3000～3600元。

（2）南瓜选用早熟、高产的品种，露地或大棚穴盘育苗。9月上旬至中旬播种，9月中旬至下旬长出1～2片真叶时移栽，地膜覆盖栽培，11月上旬至12月中旬采收。亩产量一般为2500～3000 kg，亩产值一般为4000～4800元。

（3）黄瓜选用早熟、高产的品种，露地或大棚穴盘育苗。9月上旬至中旬播种，9月中旬至下旬定植，长出1～2片真叶时移栽，地膜覆盖栽培，10月下旬至12月上旬采收。亩产量一般为3000～3500 kg，亩产值一般为4800～5600元。

（4）瓠瓜选用早熟、高产的品种，露地或大棚穴盘育苗。8月底至9月上旬播种育苗，9月中旬至9月下旬长出1～2片真叶时移栽，地膜覆盖栽培，11月上旬至12月中旬采收。亩产量一般为2400～2800 kg，亩产值一般为3800～4500元。

春白菜－水稻－秋冬果菜类蔬菜一年三熟种植模式的亩产值一般为11 300～14 700元。

### 模式2：春萝卜－水稻－秋冬果菜类蔬菜一年三熟种植模式

第一季春萝卜：选用耐抽薹的萝卜品种，采用小拱棚或大棚育苗，营养坨（球）育苗。1月下旬至2月上中旬播种，2月中旬至下旬移栽，地膜覆盖栽培，3月下旬至4月中下旬采收。亩产量一般为4000～4500 kg，亩产值一般为5600～6300元。

第二季水稻：播种期、移栽期、采收期及亩产量、亩产值均同本节"模式1"中的水稻。

第三季秋冬果菜类蔬菜：播种期、移栽期、采收期及亩产量、亩产值均同本节"模式1"中的秋冬果菜类蔬菜。

春萝卜－水稻－秋冬果菜类蔬菜一年三熟种植模式的亩产值一般为 11 200 ～ 14 600 元。

## 模式 3：春夏甘蓝－水稻－秋冬果菜类蔬菜一年三熟种植模式

第一季春夏甘蓝：选用早熟、中熟品种，采用冷床育苗。10 月下旬至 11 月上旬播种，12 月中旬至下旬移栽，次年 4 月下旬至 5 月中旬采收。亩产量一般为 4500 ～ 5000 kg，亩产值一般为 5400 ～ 6000 元。

第二季水稻：播种期、移栽期、采收期及亩产量、亩产值均同本节"模式1"中的水稻。

第三季秋冬果菜类蔬菜：播种期、移栽期、采收期及亩产量、亩产值均同本节"模式1"中的秋冬果菜类蔬菜。

春夏甘蓝－水稻－秋冬果菜类蔬菜一年三熟种植模式的亩产值一般为 11 000 ～ 14 300 元。

## 模式 4：春花菜－水稻－秋冬果菜类蔬菜一年三熟种植模式

第一季春花菜：选用早熟、中熟品种，采用大棚或冷床育苗。10 月下旬至 11 月上旬播种，12 月中旬至下旬移栽，次年 4 月中旬至 5 月上中旬采收。亩产量一般为 2000 ～ 2500 kg，亩产值一般为 5200 ～ 6500 元。

第二季水稻：播种期、移栽期、采收期及亩产量、亩产值均同本节"模式1"中的水稻。

第三季秋冬果菜类蔬菜：播种期、移栽期、采收期及亩产量、亩产值均同本节"模式1"中的秋冬果菜类蔬菜。

春花菜－水稻－秋冬果菜类蔬菜一年三熟种植模式的亩产值一般为 10 800 ～ 14 800 元。

## 模式 5：春夏莴笋－水稻－秋冬果菜类蔬菜一年三熟种植模式

第一季春夏莴笋：优选丰产、抗病、适应性强的优良品种，采用大棚或冷床育苗。11 月上旬至中旬育苗，12 月中旬至下旬定植，次年 3 月下旬至 5 月中旬采收。亩产量一般为 2500 ～ 3000 kg，亩产值一般为 5000 ～ 6000 元。

第二季水稻：播种期、移栽期、采收期及亩产量、亩产值均同本节"模式1"中的水稻。

第三季秋冬果菜类蔬菜：播种期、移栽期、采收期及亩产量、亩产值均同本节"模式1"中的秋冬果菜类蔬菜。

春夏莴笋－水稻－秋冬果菜类蔬菜一年三熟种植模式的亩产值一般为 10 600 ～ 14 300 元。

## 模式 6：生菜－水稻－秋冬果菜类蔬菜一年三熟种植模式

第一季生菜：优选丰产、抗病、适应性强的优良品种，采用大棚或冷床育苗。12 月中旬至次年 2 月中旬育苗，1 月中旬至 3 月中旬定植。3 月上旬至 5 月上旬采收。亩产量一般为 1200 ～ 1500 kg，亩产值一般为 3600 ～ 4500 元。

第二季水稻：播种期、移栽期、采收期及亩产量、亩产值均同本节"模式1"中的水稻。

第三季秋冬果菜类蔬菜：播种期、移栽期及采收期及亩产量、亩产值均同本节"模式1"中的秋冬果菜类蔬菜。

生菜－水稻－秋冬果菜类蔬菜一年三熟种植模式的亩产值一般为 9200 ~ 12 800 元。

## 模式 7：芹菜－水稻－秋冬果菜类蔬菜一年三熟种植模式

第一季芹菜：选用高产优质的耐热品种，采用大棚或冷床育苗。12月下旬至次年1月中旬播种育苗，3月上旬至中旬定植，5月采收。亩产量一般为 3000 ~ 3500 kg，亩产值一般为 6000 ~ 7000 元。

第二季水稻：播种期、移栽期、采收期及亩产量、亩产值均同本节"模式1"中的水稻。

第三季秋冬果菜类蔬菜：播种期、移栽期、采收期及亩产量、亩产值均同本节"模式1"中的秋冬果菜类蔬菜。

芹菜－水稻－秋冬果菜类蔬菜一年三熟种植模式的亩产值一般为 11 600 ~ 15 300 元。

## 模式 8：青菜－水稻－秋冬果菜类蔬菜一年三熟种植模式

第一季青菜：选用株型小的耐抽薹品种，采用大棚或冷床育苗。11月中旬至下旬播种育苗，12月中旬至下旬定植。次年3月下旬至5月中旬采收。亩产量一般为 3500 ~ 4000 kg，亩产值一般为 4200 ~ 4800 元。

第二季水稻：播种期、移栽期、采收期及亩产量、亩产值均同本节"模式1"中的水稻。

第三季秋冬果菜类蔬菜：播种期、移栽期、采收期及亩产量、亩产值均同本节"模式1"中的秋冬果菜类蔬菜。

青菜－水稻－秋冬果菜类蔬菜一年三熟种植模式的亩产值一般为 9800 ~ 13 100 元。

## 模式 9：娃娃菜－水稻－秋冬果菜类蔬菜一年三熟种植模式

第一季娃娃菜：选用耐抽薹的品种，采用大棚或冷床育苗。1月中旬至下旬播种育苗，2月下旬至3月中旬定植，4月上旬至5月中旬采收。亩产量一般为 2800 ~ 3200 kg，亩产值一般为 5600 ~ 6400 元。

第二季水稻：播种期、移栽期、采收期及亩产量、亩产值均同本节"模式1"中的水稻。

第三季秋冬果菜类蔬菜：播种期、移栽期、采收期及亩产量、亩产值均同本节"模式1"中的秋冬果菜类蔬菜。

娃娃菜－水稻－秋冬果菜类蔬菜一年三熟种植模式的亩产值一般为 11 200 ~ 14 700 元。

## 模式 10：菜心－水稻－秋冬果菜类蔬菜一年三熟种植模式

第一季菜心：选择中熟品种。2月下旬至3月中旬播种育苗，4月中旬至5月中旬采收。亩产量一般为 1000 ~ 1200 kg，亩产值一般为 4000 ~ 4800 元。

第二季水稻：播种期、移栽期、采收期及亩产量、亩产值均同本节"模式1"中的水稻。

第三季秋冬果菜类蔬菜：播种期、移栽期、采收期及亩产量、亩产值均同本节"模式1"中的秋冬果菜类蔬菜。

菜心 – 水稻 – 秋冬果菜类蔬菜一年三熟种植模式的亩产值一般为 9600 ～ 13 100 元。

## 模式 11：上海青 – 水稻 – 秋冬果菜类蔬菜一年三熟种植模式

第一季上海青：选用耐低温、耐抽薹、抗病、优质、商品性好的早熟、中熟品种，采用大棚或小拱棚覆盖育苗。2 月下旬至 3 月中旬播种育苗，3 月中旬至 4 月上旬定植，4 月中旬至 5 月中旬采收。亩产量一般为 3000 ～ 3500 kg，亩产值一般为 4800 ～ 5600 元。

第二季水稻：播种期、移栽期、采收期及亩产量、亩产值均同本节"模式 1"中的水稻。

第三季秋冬果菜类蔬菜：播种期、移栽期、采收期及亩产量、亩产值均同本节"模式 1"中的秋冬果菜类蔬菜。

上海青 – 水稻 – 秋冬果菜类蔬菜一年三熟种植模式的亩产值一般为 10 400 ～ 13 900 元。

## 模式 12：芥蓝 – 水稻 – 秋冬果菜类蔬菜一年三熟种植模式

第一季芥蓝：选用商品性好、产量高、抗病性和抗逆性强的品种，采用大棚或小拱棚覆盖育苗。2 月上旬至中旬播种育苗，3 月上旬至中旬定植，4 月上旬至 5 月中旬采收。亩产量一般为 1000 ～ 1200 kg，亩产值一般为 4000 ～ 4800 元。

第二季水稻：播种期、移栽期、采收期及亩产量、亩产值均同本节"模式 1"中的水稻。

第三季秋冬果菜类蔬菜：播种期、移栽期、采收期及亩产量、亩产值均同本节"模式 1"中的秋冬果菜类蔬菜。

芥蓝 – 水稻 – 秋冬果菜类蔬菜一年三熟种植模式的亩产值一般为 9600 ～ 13 100 元。

## 模式 13：芫荽 – 水稻 – 秋冬果菜类蔬菜一年三熟种植模式

第一季芫荽：选择耐抽薹、耐热、耐旱、抗病性强的品种。4 月上旬至中旬播种，5 月中旬至下旬采收。亩产量一般为 600 ～ 700 kg，亩产值一般为 3600 ～ 4200 元。

第二季水稻：播种期、移栽期、采收期及亩产量、亩产值均同本节"模式 1"中的水稻。

第三季秋冬果菜类蔬菜：播种期、移栽期、采收期及亩产量、亩产值均同本节"模式 1"中的秋冬果菜类蔬菜。

芫荽 – 水稻 – 秋冬果菜类蔬菜一年三熟种植模式的亩产值一般为 9200 ～ 12 500 元。

## 模式 14：香葱 – 水稻 – 秋冬果菜类蔬菜一年三熟种植模式

第一季香葱：选择适应性强、分蘖力强、抗病虫害、高产、耐低温的品种。2 月分株定植，4 月下旬至 5 月中旬采收。亩产量一般为 2000 ～ 2500 kg，亩产值一般为 8000 ～ 10 000 元。

第二季水稻：播种期、移栽期、采收期及亩产量、亩产值均同本节"模式 1"中的水稻。

第三季秋冬果菜类蔬菜：播种期、移栽期、采收期及亩产量、亩产值均同本节"模式 1"中的秋冬果菜类蔬菜。

香葱 – 水稻 – 秋冬果菜类蔬菜一年三熟种植模式的亩产值一般为 13 600 ～ 18 300 元。

## 模式 15：菠菜 - 水稻 - 秋冬果菜类蔬菜一年三熟种植模式

第一季菠菜：选用耐低温、对日照长短反应不敏感、抽薹晚、抗病、优质、丰产、抗逆性强、商品性好的圆叶类型品种。2 月中旬至 3 月中旬播种，4 月上旬至 5 月中旬采收。亩产量一般为 1000 ~ 1200 kg，亩产值一般为 3000 ~ 3600 元。

第二季水稻：播种期、移栽期、采收期及亩产量、亩产值均同本节 "模式 1" 中的水稻。

第三季秋冬果菜类蔬菜：播种期、移栽期、采收期及亩产量、亩产值均同本节 "模式 1" 中的秋冬果菜类蔬菜。

菠菜 - 水稻 - 秋冬果菜类蔬菜一年三熟种植模式的亩产值一般为 8600 ~ 11 900 元。

## 模式 16：茼蒿 - 水稻 - 秋冬果菜类蔬菜一年三熟种植模式

第一季茼蒿：选用抗病性、耐热性强的品种。2 月中旬至 3 月中旬播种，4 月上旬至 5 月中旬采收。亩产量一般为 1000 ~ 1200 kg，亩产值一般为 3000 ~ 3600 元。

第二季水稻：播种期、移栽期、采收期及亩产量、亩产值均同本节 "模式 1" 中的水稻。

第三季秋冬果菜类蔬菜：播种期、移栽期、采收期及亩产量、亩产值均同本节 "模式 1" 中的秋冬果菜类蔬菜。

茼蒿 - 水稻 - 秋冬果菜类蔬菜一年三熟种植模式的亩产值一般为 8600 ~ 11 900 元。

## 模式 17：豌豆苗 - 水稻 - 秋冬果菜类蔬菜一年三熟种植模式

第一季豌豆苗：选用生长势旺、抗病性强的品种。2 月上旬至 3 月上旬播种，3 月中旬至 5 月下旬采收。亩产量一般为 1000 ~ 1200 kg，亩产值一般为 7000 ~ 7800 元。

第二季水稻：播种期、移栽期、采收期及亩产量、亩产值均同本节 "模式 1" 中的水稻。

第三季秋冬果菜类蔬菜：播种期、移栽期、采收期及亩产量、亩产值均同本节 "模式 1" 中的秋冬果菜类蔬菜。

豌豆苗 - 水稻 - 秋冬果菜类蔬菜一年三熟种植模式的亩产值一般为 12 600 ~ 15 100 元。

## 模式 18：荠菜 - 水稻 - 秋冬果菜类蔬菜一年三熟种植模式

第一季荠菜：选用阔叶型或麻叶型的品种。2 月下旬至 3 月下旬播种，4 月上旬至 5 月下旬采收。亩产量一般为 1000 ~ 1200 kg，亩产值一般为 5000 ~ 6000 元。

第二季水稻：播种期、移栽期、采收期及亩产量、亩产值均同本节 "模式 1" 中的水稻。

第三季秋冬果菜类蔬菜：播种期、移栽期、采收期及亩产量、亩产值均同本节 "模式 1" 中的秋冬果菜类蔬菜。

荠菜 - 水稻 - 秋冬果菜类蔬菜一年三熟种植模式的亩产值一般为 10 600 ~ 13 300 元。

# 第二节　中海拔（海拔800～1500 m）地区蔬菜高效种植模式

## 模式1：春夏大白菜－夏秋辣椒（茄子、番茄）－冬莴笋（生菜、油麦菜）一年三熟种植模式

第一季春夏大白菜：选用耐抽薹品种如"黔白5号""黔白9号"等，采用大棚加小拱棚穴盘育苗。2月中旬至下旬播种，3月中下旬定植，地膜覆盖栽培，4月下旬至5月中旬采收。亩产量一般为3500～4000 kg，亩产值一般为5600～6400元。

第二季夏秋辣椒（茄子、番茄）：选用抗病、高产的优良品种。4月上旬播种，大棚或小拱棚育苗，5月中旬至下旬定植，地膜覆盖栽培，7月下旬至10月上旬采收。亩产量一般为3000～5000 kg，亩产值一般为6000～10 000元。

第三季冬莴笋（生菜、油麦菜）：莴笋选用耐寒性强的品种。9月中旬至下旬播种，露地育苗，覆盖遮阳网，10月中旬至下旬定植，地膜覆盖栽培，次年2月采收。亩产量一般为2500～3000 kg，亩产值一般为5000～6000元。生菜、油麦菜选用耐寒性强的品种。9月中旬至10月上旬播种，露地育苗，覆盖遮阳网，10月中旬至11月上旬定植，11月下旬至12月下旬采收。亩产量一般为1500～2000 kg，亩产值一般为3600～4800元。

春夏大白菜－夏秋辣椒（茄子、番茄）－冬莴笋（生菜、油麦菜）一年三熟种植模式的亩产值一般为15 200～22 400元。

## 模式2：春夏大白菜－夏秋黄瓜（南瓜、瓠瓜、苦瓜、丝瓜）－冬莴笋（生菜、油麦菜）一年三熟种植模式

第一季春夏大白菜：播种期、移栽期、采收期及亩产量、亩产值均同本节"模式1"中的春夏大白菜。

第二季夏秋黄瓜（南瓜、瓠瓜、苦瓜、丝瓜）：选用抗病、高产的品种。5月中旬至下旬播种，大棚或小拱棚穴盘育苗，覆盖遮阳网，5月下旬至6月中旬定植，地膜覆盖栽培，7月中旬至9月中旬采收。亩产量一般为3000～5000 kg，亩产值一般为6000～10 000元。

第三季冬莴笋（生菜、油麦菜）：冬莴笋8月下旬至9月上旬播种育苗，覆盖遮阳网，9月下旬至10月上旬定植，地膜覆盖栽培，次年1月下旬至2月中旬采收。亩产量一般为2500～3000 kg，亩产值一般为5000～6000元。生菜、油麦菜选用耐寒性强的品种。9月上旬至中旬播种，露地育苗，覆盖遮阳网，10月上旬至10月中旬定植，11月中旬至12月上旬采收。亩产量一般为1500～2000 kg，亩产值一般为3600～4800元。

春夏大白菜－夏秋黄瓜（南瓜、瓠瓜、苦瓜、丝瓜）－冬莴笋（生菜、油麦菜）一年三熟种植模式的亩产值一般为15 200～22 400元。

## 模式 3：春夏大白菜－夏秋四季豆（豇豆）－冬莴笋（生菜、油麦菜）一年三熟种植模式

第一季春夏大白菜：播种期、移栽期、采收期及亩产量、亩产值均同本节"模式 1"中的春夏大白菜。

第二季夏秋四季豆（豇豆）：6 月上旬至中旬露地直播，地膜覆盖栽培，7 月下旬至 9 月中旬采收。亩产量一般为 1500 ～ 2500 kg，亩产值一般为 4500 ～ 7500 元。

第三季冬莴笋（生菜、油麦菜）：播种期、移栽期、采收期及亩产量、亩产值均同本节"模式 1"中的冬莴笋（生菜、油麦菜）。

春夏大白菜－夏秋四季豆（豇豆）－冬莴笋（生菜、油麦菜）一年三熟种植模式的亩产值一般为 13 700 ～ 19 900 元。

## 模式 4：春夏甘蓝（春花菜）－夏秋辣椒（茄子、番茄）一年两熟种植模式

第一季春夏甘蓝（春花菜）：选用早熟、中熟品种，采用冷床育苗。10 月中旬至下旬播种，11 月下旬至 12 月上旬移栽，次年 4 月中旬至 5 月中旬采收。甘蓝亩产量一般为 4500 ～ 5000 kg，亩产值一般为 5400 ～ 6000 元；花菜亩产量一般为 2000 ～ 2500 kg，亩产值一般为 5200 ～ 6500 元。

第二季夏秋辣椒（茄子、番茄）：播种期、移栽期、采收期及亩产量、亩产值均同本节"模式 1"中的夏秋辣椒（茄子、番茄）。

春夏甘蓝（春花菜）－夏秋辣椒（茄子、番茄）一年两熟种植模式的亩产值一般为 11 200 ～ 16 500 元。

## 模式 5：春夏甘蓝（春花菜）－夏秋黄瓜（南瓜、瓠瓜、苦瓜、丝瓜）一年两熟种植模式

第一季春夏甘蓝（春花菜）：播种期、移栽期、采收期及亩产量、亩产值均同本节"模式 4"中的春夏甘蓝（春花菜）。

第二季夏秋黄瓜（南瓜、瓠瓜、苦瓜、丝瓜）：播种期、移栽期、采收期及亩产量、亩产值均同本节"模式 2"中的夏秋黄瓜（南瓜、瓠瓜、苦瓜、丝瓜）。

春夏甘蓝（春花菜）－夏秋黄瓜（南瓜、瓠瓜、苦瓜、丝瓜）一年两熟种植模式的亩产值一般为 11 200 ～ 16 500 元。

## 模式 6：春夏甘蓝（春花菜）－夏秋四季豆（豇豆）一年两熟种植模式

第一季春夏甘蓝（春花菜）：播种期、移栽期、采收期及亩产量、亩产值均同本节"模式 4"中的春夏甘蓝（春花菜）。

第二季夏秋四季豆（豇豆）：播种期、移栽期、采收期及亩产量、亩产值均同本节"模式 3"中的夏秋四季豆（豇豆）。

春夏甘蓝（春花菜）－夏秋四季豆（豇豆）一年两熟种植模式的亩产值一般为 9700 ～

14 000 元。

## 模式 7：春夏莴笋（生菜）– 夏秋辣椒（茄子、番茄）一年两熟种植模式

第一季春夏莴笋（生菜）：莴笋优选丰产、抗病、适应性强的优良品种，采用大棚或冷床育苗。可在 10 月下旬至 11 上旬育苗，12 月上旬至 12 月中旬定植，次年 4 月上旬至 5 月下旬采收。亩产量一般为 2500 ~ 3000 kg，亩产值一般为 5000 ~ 6000 元。生菜优选丰产、抗病、适应性强的优良品种，采用大棚或冷床育苗。可在 12 月上旬至次年 2 月上旬育苗，1 月中旬至 3 月中旬定植，3 月中旬至 4 月下旬采收。亩产量一般为 1200 ~ 1500 kg，亩产值一般为 3600 ~ 4500 元。

第二季夏秋辣椒（茄子、番茄）：播种期、移栽期、采收期及亩产量、亩产值均同本节"模式 1"中的夏秋辣椒（茄子、番茄）。

春夏莴笋（生菜）– 夏秋辣椒（茄子、番茄）一年两熟种植模式的亩产值一般为 9600 ~ 16 000 元。

## 模式 8：春夏莴笋（生菜）– 夏秋黄瓜（南瓜、瓠瓜、苦瓜、丝瓜）一年两熟种植模式

第一季春夏莴笋（生菜）：播种期、移栽期、采收期及亩产量、亩产值均同本节"模式 7"中的春夏莴笋（生菜）。

第二季夏秋黄瓜（南瓜、瓠瓜、苦瓜、丝瓜）：播种期、移栽期、采收期及亩产量、亩产值均同本节"模式 2"中的夏秋黄瓜（南瓜、瓠瓜、苦瓜、丝瓜）。

春夏莴笋（生菜）– 夏秋黄瓜（南瓜、瓠瓜、苦瓜、丝瓜）一年两熟种植模式的亩产值一般为 9600 ~ 16 000 元。

## 模式 9：春夏莴笋（生菜）– 夏秋四季豆（豇豆）一年两熟种植模式

第一季春夏莴笋（生菜）：播种期、移栽期、采收期及亩产量、亩产值均同本节"模式 7"中的春夏莴笋（生菜）。

第二季夏秋四季豆（豇豆）：播种期、移栽期、采收期及亩产量、亩产值均同本节"模式 3"中的夏秋四季豆（豇豆）。

春夏莴笋（生菜）– 夏秋四季豆（豇豆）一年两熟种植模式的亩产值一般为 8100 ~ 13 500 元。

## 模式 10：春夏芹菜 – 夏秋辣椒（茄子、番茄、黄瓜、南瓜、瓠瓜、苦瓜、丝瓜、四季豆、豇豆等）一年两熟种植模式

第一季春夏芹菜：选用高产、优质、耐寒的品种，采用大棚或冷床育苗。可在 12 月中旬至次年 1 月上旬播种育苗，2 月下旬至 3 月上旬定植，5 月采收。亩产量一般为 3000 ~ 3500 kg，亩产值一般为 6000 ~ 7000 元。

第二季夏秋辣椒（茄子、番茄、黄瓜、南瓜、瓠瓜、苦瓜、丝瓜、四季豆、豇豆

等）：茄子、番茄选用抗病、高产的优良品种。4月下旬至5月上旬播种，大棚或小拱棚育苗，6月上旬至中旬定植，地膜覆盖栽培，8月上旬至10月下旬采收。亩产量一般为3000 kg～5000 kg，亩产值一般为6000～10 000元。黄瓜、南瓜、瓠瓜、苦瓜、丝瓜选用抗病、高产的品种。5月下旬至6月上旬播种，大棚或小拱棚穴盘育苗，覆盖遮阳网，6月定植，地膜覆盖栽培，7月下旬至9月下旬采收。亩产量一般为3000 kg～5000 kg，亩产值一般为6000～10 000元。四季豆、豇豆选用抗病、高产的品种，6月上旬至中旬，露地直播，地膜覆盖栽培，8月上旬至9月下旬采收。亩产量一般为1500 kg～2500 kg，亩产值一般为4500～7500元。

春夏芹菜－夏秋辣椒（茄子、番茄、黄瓜、南瓜、瓠瓜、苦瓜、丝瓜、四季豆、豇豆等）一年两熟种植模式的亩产值一般为10 500～17 000元。

## 模式11：春夏青菜（娃娃菜）－夏秋辣椒（茄子、番茄、黄瓜、南瓜、瓠瓜、苦瓜、丝瓜、四季豆、豇豆等）一年两熟种植模式

第一季春夏青菜（娃娃菜）：青菜选用株型小的耐抽薹品种，采用大棚或冷床育苗。可在10月下旬至11月上旬播种育苗，12月上旬至中旬定植，次年3月中旬至5月上旬采收，亩产量一般为3500～4000 kg，亩产值一般为4200～4800元。娃娃菜选用耐抽薹的品种，采用大棚或冷床育苗。1月下旬至2月上旬播种育苗，3月上旬至中旬定植，4月中旬至5月中旬采收。亩产量一般为2800～3200 kg，亩产值一般为5600～6400元。

第二季夏秋辣椒（茄子、番茄、黄瓜、南瓜、瓠瓜、苦瓜、丝瓜、四季豆、豇豆等）：播种期、移栽期、采收期及亩产量、亩产值均同本节"模式10"中的夏秋辣椒（茄子、番茄、黄瓜、南瓜、瓠瓜、苦瓜、丝瓜、四季豆、豇豆等）。

春夏青菜（娃娃菜）－夏秋辣椒（茄子、番茄、黄瓜、南瓜、瓠瓜、苦瓜、丝瓜、四季豆、豇豆等）一年两熟种植模式的亩产值一般为8700～16 400元。

## 模式12：春夏菜心（上海青、芥蓝、芫荽、菠菜、茼蒿等）－夏秋辣椒（茄子、番茄、黄瓜、南瓜、瓠瓜、苦瓜、丝瓜、四季豆、豇豆等）一年两熟种植模式

第一季春夏菜心（上海青、芥蓝、芫荽、菠菜、茼蒿等）：可在3月播种，4月下旬至5月下旬采收。亩产值一般为3000～5600元。

第二季夏秋辣椒（茄子、番茄、黄瓜、南瓜、瓠瓜、苦瓜、丝瓜、四季豆、豇豆等）：播种期、移栽期、采收期及亩产量、亩产值均同本节"模式10"中的夏秋辣椒（茄子、番茄、黄瓜、南瓜、瓠瓜、苦瓜、丝瓜、四季豆、豇豆等）。

春夏菜心(上海青、芥蓝、芫荽、菠菜、茼蒿等)－夏秋辣椒(茄子、番茄、黄瓜、南瓜、瓠瓜、苦瓜、丝瓜、四季豆、豇豆等)一年两熟种植模式的亩产值一般为7500～15 600元。

# 第三节　高海拔（海拔1500~2300 m）地区蔬菜高效种植模式

## 模式1：春夏白菜－夏秋莴笋一年两熟种植模式

第一季春夏白菜：海拔1500~1800 m的地区选用耐抽薹的品种，采用冷床育苗，苗床覆盖地膜。3月上旬至中旬播种，4月上旬至中旬移栽，地膜覆盖栽培，5月采收。亩产量一般为3500~4000 kg，亩产值一般为5600~6400元。海拔1800~2300 m的地区选用耐抽薹的品种，采用冷床育苗，苗床覆盖农膜。3月中旬至下旬播种，4月中旬至下旬移栽，地膜覆盖栽培，5月中旬至5月下旬采收。亩产量一般为3500~4000 kg，亩产值一般为5600~6400元。

第二季夏秋莴笋：选用耐热性强的品种，采用大棚或冷床育苗。5月上旬至6月上旬播种育苗，6月上旬至7月上旬定植，8月上旬至9月下旬采收。亩产量一般为2500~3000 kg，亩产值一般为5000~6000元。

春夏白菜－夏秋莴笋一年两熟种植模式的亩产值一般为10 600~12 400元。

## 模式2：春夏萝卜－夏秋莴笋一年两熟种植模式

第一季春夏萝卜：海拔1500~1800 m的地区选用耐抽薹的萝卜品种，采用小拱棚或大棚育苗，营养坨（球）育苗。3月上旬至中旬播种，采用育苗的于3月下旬至4月上旬移栽，地膜覆盖栽培，5月采收；若采用深窝地膜直播的于3月上旬至中旬播种，5月采收。亩产量一般为4000~4500 kg，亩产值一般为5600~6300元。海拔1800~2300 m的地区选用耐抽薹的萝卜品种，采用小拱棚、大棚育苗，营养坨（球）育苗。采用育苗的于3月下旬至4月上旬移栽，地膜覆盖栽培，5月采收；采用深窝地膜直播的于3月上旬至中旬播种，5月采收。亩产量一般为4000g~4500 kg，亩产值一般为5600~6300元。

第二季夏秋莴笋：播种期、移栽期、采收期及亩产量、亩产值均同本节"模式1"中的夏秋莴笋。

春夏萝卜－夏秋莴笋一年两熟种植模式的亩产值一般为10 600~12 300元。

## 模式3：春夏甘蓝－夏秋莴笋一年两熟种植模式

第一季春夏甘蓝：选用早熟、中熟品种，采用冷床育苗。10月中旬至下旬播种，12月上旬至中旬移栽，次年4月下旬至5月下旬采收。亩产量一般为4500~5000 kg，亩产值一般为5400~6000元。

第二季夏秋莴笋：播种期、移栽期、采收期及亩产量、亩产值均同本节"模式1"中的夏秋莴笋。

春夏甘蓝－夏秋莴笋一年两熟种植模式的亩产值一般为11 000~12 300元。

## 模式 4：春夏菜心（上海青、芥蓝、芫荽、菠菜、茼蒿等）－夏秋莴笋（白菜、萝卜、甘蓝等）一年两熟种植模式

第一季春夏菜心（上海青、芥蓝、芫荽、菠菜、茼蒿等）：可在 3 月中旬至下旬播种，5 月采收。亩产值一般为 3000 ~ 5600 元。

第二季夏秋莴笋（白菜、萝卜、甘蓝等）：可于 5 月上旬至 6 月下旬播种育苗，6 月上旬至 7 月下旬定植，7 月中旬至 10 月上旬采收。

春夏菜心（上海青、芥蓝、芫荽、菠菜、茼蒿等）－夏秋莴笋（白菜、萝卜、甘蓝等）一年两熟种植模式的亩产值一般为 8000 ~ 11 900 元。

## 模式 5：春夏白菜、萝卜、甘蓝－夏秋单季菜心（上海青、芥蓝、芫荽、菠菜、茼蒿等）一年两熟种植模式

第一季春夏白菜、萝卜、甘蓝：播种期、移栽期、采收期及亩产量、亩产值均同本节"模式 1""模式 2""模式 3"中的春夏白菜、春夏萝卜、春夏甘蓝。

第二季夏秋单季菜心（上海青、芥蓝、芫荽、菠菜、茼蒿等）：可于 6 月上旬至 8 月上旬分批播种，7 月下旬至 10 月中旬采收。亩产值一般为 3000 ~ 5600 元。

春夏白菜、萝卜、甘蓝－夏秋单季菜心（上海青、芥蓝、芫荽、菠菜、茼蒿等）一年两熟种植模式的亩产值一般为 8000 ~ 11 900 元。

## 模式 6：春夏白菜、萝卜、甘蓝－夏秋两季菜心（芫荽、菠菜、茼蒿等）一年三熟种植模式

第一季春夏白菜、萝卜、甘蓝：播种期、移栽期、采收期及亩产量、亩产值均同本节"模式 1""模式 2""模式 3"中的春夏白菜、春夏萝卜、春夏甘蓝。

第二季夏秋菜心（芫荽、菠菜、茼蒿等）：可于 6 月上旬播种，7 月下旬至 8 月上旬采收。亩产值一般为 3000 ~ 5600 元。

第三季夏秋菜心（芫荽、菠菜、茼蒿等）：可于 8 月中旬播种，10 月采收。亩产值一般为 3000 ~ 5600 元。

春夏白菜、萝卜、甘蓝－夏秋两季菜心（芫荽、菠菜、茼蒿等）一年三熟种植模式的亩产值一般为 11 000 ~ 17 500 元。

# 参考文献

敖礼林,鄢用亮,饶卫华,等,2020.香葱丰产优质增效栽培关键技术[J].科学种养(12):30-32.

方春苗,楼朝斌,宋献民,2021.义乌市露地韭菜丰产高效栽培技术[J].上海蔬菜(4):39-40.

高小凤,周国列,韦传义,等,2020.香葱优质高产栽培技术[J].长江蔬菜(19):41-43.

顾光伟,2021.春季大棚韭菜高产栽培技术[J].上海蔬菜(2):36-37.

国家特色蔬菜产业经济研究室,2019.中国韭菜产业发展研究报告[R].武汉:国家特色蔬菜产业经济研究室.

胡德华,赵春华,2020.四季香葱栽培技术及病虫害防治措施[J].乡村科技(9):101+104.

王青青,伍朝友,吴洪凯,等,2022.贵州韭黄高产高效栽培技术[J].农技服务,39(2):45-47.

王树峰,2020.露地韭菜高产栽培技术[J].农村农业农民（B版）,(18)2:58-59.

张家彪,2020.浅析香葱无公害栽培关键技术[J].农家参谋(10):41-42.

张满菊,2020.四季小香葱的特征特性及无公害栽培技术[J].农家参谋(5):73.

张明,吕爱琴,陈中府,等,2016.我国韭菜资源研究现状和种质创新研究建议[J].植物遗传资源学报,17(3):503.

赵志伟,国乃胜,张利焕,等,2019.寿光韭青高产高效栽培技术[J].长江蔬菜(21):4.

附　　图

图1　电热温床增温

图2　增盖棚膜增温

图3　暖气增温

图4　瓜类套春白菜

图5　辣椒套春白菜

图6　豆类套春白菜

图7　春白菜潮汐式穴盘育苗-1

图8　春白菜潮汐式穴盘育苗-2

图9　佛手瓜下春白菜

图10　扁圆型甘蓝

图11　圆球型甘蓝

图12　尖头型甘蓝

图13　白花菜

图15　本芹

图16　西芹

图17　根用芹

图18　叶用芹

图19 绿芹、黄芹、白芹、红芹

图20 黔青1号

图21 黔青2号

图22 黔青3号

图23 黔青4号

图24 黔青5号

图25 黔青6号

图26 鸡冠青菜

图27 包心芥

图28 普通大白菜与娃娃菜的对比

图29 韭菜鳞茎盘

图30 韭菜集约化潮汐式育苗1

图31　韭菜集约化潮汐式育苗2

图32　韭菜集约化潮汐式育苗3

图33　韭菜集约化潮汐式育苗4

图34　韭菜定植1

图35　韭菜定植2

图36　韭菜田间管理1

图37　韭菜田间管理2

图38　韭菜采收

图39　落葵播种

图40　落葵1

图41　落葵2

图42　板叶荠菜

图43  荠菜的田间管理

图44  马齿苋

图45  藜蒿